低碳地产先锋
LOW CARBON
实战模式与绿色项目解码

中国房产信息集团 克而瑞（中国）信息技术有限公司 编著

中国建筑工业出版社

图书在版编目（CIP）数据

低碳地产先锋　实战模式与绿色项目解码/中国房产信息集团，克而瑞（中国）信息技术有限公司编著.—北京：中国建筑工业出版社，2010.12
 ISBN 978-7-112-12659-0

Ⅰ.①低… Ⅱ.①中…②克… Ⅲ.①建筑-节能-研究-中国　Ⅳ.①TU111.4

中国版本图书馆CIP数据核字（2010）第229290号

本书基于中国房产信息集团对万科、招商、锋尚国际、当代节能、朗诗、中鹰集团6家全国知名开发商所开发的低碳楼盘进行深入调研基础上，总结了上述企业低碳地产开发实战经验。全面整合性分析了低碳地产的16种技术，重要的技术实施采用了详细的案例进行剖析，并且有经济效果的评估测试结果。

全书从房地产产业链整合的高度论述了低碳地产的必然性和发展趋势，突显了低碳技术、低碳理念在房地产行业推行的重要经济意义和社会价值，为业界总结了最新的低碳地产实战案例和开发经验。

本书可供房地产开发商、工程技术、营销策划、建筑部品供应等相关从业人员参考阅读。

* * *

责任编辑：封　毅
责任设计：董建平
责任校对：姜小莲　王　颖

低碳地产先锋
实战模式与绿色项目解码
中国房产信息集团　克而瑞（中国）信息技术有限公司　编著

*

中国建筑工业出版社出版、发行（北京西郊百万庄）
各地新华书店、建筑书店经销
北京嘉泰利德公司制版
北京云浩印刷有限责任公司印刷

*

开本：787×960毫米　1/16　印张：16　插页：1　字数：325千字
2011年2月第一版　2011年2月第一次印刷
定价：58.00元
ISBN 978-7-112-12659-0
（19959）

版权所有　翻印必究
如有印装质量问题，可寄本社退换
（邮政编码100037）

编委会

编著单位：	中国房产信息集团
	克而瑞（中国）信息技术有限公司
总　　编：	周　忻　张永岳
编　　委：	丁祖昱　罗　军　张　燕　金仲敏　喻颖正　陈小平　彭加亮　龙胜平
	刘文超　于丹丹　黄子宁　吴　洋　章伟杰　陈啸天　王　路　肖　鹏
	张兆娟　王　永　陈倍麟　胡晓莺　叶　玮　李敏珠　郭　杰　汪　波
	杨　莹　叶　婷　付　东　刘丽娟
主　　编：	丁祖昱
执行主编：	李石养
专业顾问：	肖　鹏　张兆娟　胡晓莺
项目顾问：	张兆娟　胡晓莺　邱清珠　沈　虹
美术编辑：	谢小玲　王晓丽
特约校审：	仲文佳　李白玉　顾芳恒　罗克娜　李燕婷　樊　娟

专业支持：

网站支持：

序言

下一个十年的房地产商生长模式

多久没听到开发商的新名堂了？看看报纸，今天吆喝的卖点，与十多年前有何进化？或者干脆连当初那种青涩的淳朴都没了。

所以，当"低碳"概念冒出来，大家禁不住又要怀疑这是商人的伎俩。

开发商面对时代热词的"三种姿态"：

1. 纯为卖点，为广告找点儿说法，忽悠完了事；

2. 战术手段，在动不动就调控的淡市多卖几套房子；

3. 战略远景，探寻下一个十年的房地产商生存模式。

我们从三重视野来剖析"战略远景"：

1. 全球视野

作为地球上最大的工地，中国每年盖房子20亿m²，建筑业产值年增20%，2009年中国存量建筑460亿m²。建筑能耗已经是世界上最大能耗之一。推进低碳战略，让绿色建筑绽放华夏大地，是中国人的义务与责任。

2. 中国视野

中国每增加1%城市化率，将带来2个百分点经济增长。未来15~20年，起伏中的房地产仍将肩负重任。在节能减排的国家战略背景下，中国的开发商是低碳建筑的核心实践者。

3. 行业视野

源于机会捕获、土地升值的房地产业，已经一路狂飙了十余年，这种不可持续的投机商业模式，亟待寻找契机扎下根基，构建长青之业。在抑制房价、金融危机余波、国家产业转型等诸多大时代要素下，低碳不正是开发商的绝佳切入点吗？

折腾十多年，该来点儿新把式了！

这是一次房地产大佬真正建立绝对优势的机遇；

这也是后起之秀弯道超越的绝佳机遇。

本书汇聚了这个时代最杰出、最具前瞻性的地产企业与决策者，他们走在行业的最前端，为我们带来了最富创造性的绝妙构想、最具借鉴性的鲜活案例，是房地产从业人员宝贵的实战秘笈。

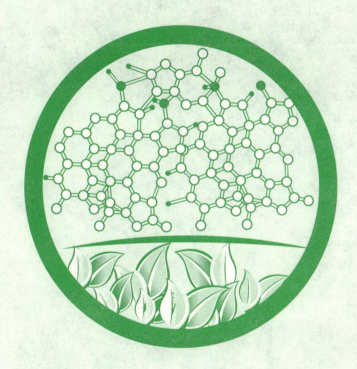

在王石的构思中，
建筑不仅仅是水泥加钢筋，
应该更生态、更环保。不光采用绿色的建筑材料，
而且整个建筑过程、
使用过程都是生态和环保的，
甚至向植物、动物学习，使建筑更美、更环保。

" 我就是个发展商。
我在很多地方做了低能耗、零能耗建筑，用了一些太阳能，于是有很多人就问我，是不是成本很高，做建筑节能是不是很吃亏这样一类的问题。
我的结论是做节能建筑不但不亏，而且更赚。"

—— 张在东

一个建筑造好了起码40年，或者50年，
现在的标准其实把50年的标准都确定了，
所以，如果这个标准定得太低，
因为房子也不容易改了，
就要走欧洲的老路，
欧洲的老建筑以前也没有节能指标，
又花了五六十年重新改造，这是个教训。

目录

第一章 低碳地产整合房地产产业链

1 低碳经济呼唤低碳地产
2 建造真正节能、生态的房子
7 低碳地产具有较高的溢价
8 低碳地产技术造价简要分析

2 以整合实现低碳经济与房地产产业链互动
13 低碳经济与房地产产业链整合的必要性
14 住宅产业化成为产业链整合的主导形式
15 从设计到施工都要遵循低碳理念
15 应当引进第三方机构强化低碳产业链整合
16 低碳经济与低碳地产技术材料的整合
20 低碳经济与住宅全装修行业的整合

万科以住宅产业化引领低碳地产潮流 第二章

万科低碳地产模式全揭秘
26 低碳理念：基于资源节约思路推行住宅产业化
28 低碳主线：住宅工业化研究、创新与实践
37 低碳手段：利用整个产业的力量实践低碳地产
39 低碳目标：2014年产品全部实现工业化绿色模式

魅力低碳巨筑：万科中心
44 节资结构：节约投资8000万元
44 风热节能：采用新风热回收与自然采光
46 节水技术：全面应用雨水回收系统
46 光电节能：应用建筑光伏电系统
47 隔热节能：自可转动式悬挂立面外遮阳系统
47 室内节水：采取了先进的节水器具和节水方法

万科低碳地产典型项目：上海朗润园
50 规划节能：最大限度利用原生态自然资源
51 技术节能：采用多种节能技术实现建筑节能
52 节水应用：采用多种节水技术
53 节材应用：采用多种节材技术
55 环保应用：采用多项环保技术

低碳社区开发实践：深圳万科城四期
57 万科城四期低碳实践历经六个阶段
58 因地制宜地实践低碳社区开发
62 深圳万科城四期实现了"四节"

目录

第三章 招商地产低碳发展模式

1 招商地产低碳地产发展理念
- 68 认为国内低碳地产还处于探索阶段
- 69 将低碳地产开发实战经验推广到既有建筑改造领域
- 72 以开发综合社区模式引导低碳地产
- 74 培养绿色生活方式是低碳地产更重要的
- 75 以做好成本预算有效控制低碳地产开发成本
- 76 在异地扩张中实践低碳地产

2 泰格公寓：被誉为华南最"绿"建筑
- 78 获得殊荣，低碳效果明显
- 79 泰格公寓具有九大低碳亮点
- 83 泰格公寓低碳方案调整深度分析

3 低碳创意产业园社区：广州金山谷
- 102 金山谷项目概况
- 106 金山谷引进了生态足迹的理念
- 107 亮点：树多过"墅"
- 108 亮点：低碳，无处不在

锋尚国际低碳地产模式解密　第四章

1　锋尚模式：不是一两棵大树就意味着低碳了

113　做低碳地产项目不但不亏，而且更赚

114　把房子每个低碳细节加起来转换成价值

118　锋尚重在整合成熟先进的国外低碳技术

122　锋尚要做低碳地产系统提供商和服务商

126　锋尚具有防御流行疾病作用的四大系统

2　南京锋尚国际公寓深度调研分析

130　南京锋尚国际公寓概况

131　产品具有四大低碳特色

135　产品设计及创新要点

141　项目特色及创新实景欣赏

目录

第五章 当代节能低碳地产MOMA模式

1 当代节能低碳地产模式总结

- 150 MOMA系列开创了独特的低碳地产商业模式
- 152 应用了多项科技手段开发低碳地产
- 153 以极其严格并且详细的标准化推进低碳地产开发
- 156 标准化比国家标准更全面、更细致、更实用
- 157 推出了MOMA系列产品的四大系统二十子系统
- 158 创新性使用复合功能概念的规划设计
- 160 把科技融入生活的低碳地产开发理念
- 161 谨慎但不盲目地扩大低碳地产市场份额

2 当代MOMA低碳价值深度分析

- 164 当代MOMA低碳技术应用
- 166 当代MOMA主要低碳技术指标深度分析
- 172 关键技术的研究与应用
- 184 配套系统技术的研究与应用
- 192 系统实际运行工况
- 195 系统应用效益分析

朗诗地产低碳实战之路　第六章

1　朗诗地产开发理念：以低碳为核心
200　以科技引领低碳地产开发
201　拥有50多项低碳住宅技术专利
203　独家推出首席绿色规划师职位
204　以低碳战略实现差异化竞争
204　在推动低碳实践中努力实现企业自身的"碳中和"

2　朗诗低碳地产案例：朗诗·绿岛
208　朗诗·绿岛六大低碳亮点
209　朗诗·绿岛低碳亮点解读

3　苏州朗诗国际社区低碳见证
212　苏州朗诗国际社区概况
213　苏州朗诗国际社区年度耗电量是普通住宅的近1/4
215　苏州朗诗国际社区十大低碳技术

 | 目录

第七章　中鹰集团低碳地产探索

1. 中鹰集团低碳地产开发要点

226　用环保节能理念指引地产项目开发

227　一次到位：量化标准，少喊口号，多做事

228　中鹰所开发的地产项目介绍

230　中鹰合作开发低碳地产项目的团队

2. 典型项目分析：中鹰黑森林

232　中鹰黑森林环保节能概要

239　产品两大突出特色

241　产品在环保节能材料使用方面联手世界顶尖供应商

低碳地产
整合房地产产业链

乔纳森·拉希与弗雷德·韦林顿在《气候变暖与企业竞争力》一文中提到："对于在变暖的世界中不具备竞争优势的公司，投资者已经开始看跌其股价。"可以预见，在政府的正确引导下，利益驱动将伴随社会责任，共同勉励房地产企业加入到建造低碳生态建筑的行列中。

相关数据显示，建筑行业在二氧化碳排放总量中，占到超过40%的比例，这一比例远高于运输和工业领域。因此，面对低碳时代的来临，建筑的"节能"和"生态"注定成为绕不开的话题。

第一节 低碳经济呼唤低碳地产

> 低碳经济是以低能耗、低污染、低排放为基础的经济模式，其实质是能源高效利用、清洁能源开发，追求绿色GDP的问题，核心是能源技术和减排技术创新、产业结构和制度创新以及人类生存发展观念的根本性转变。

低碳地产是指在建筑材料与设备制造、施工建造和建筑物使用的整个生命周期内，减少化石能源的使用，提高能效，降低二氧化碳排放量。

因为建筑碳排放在经济总的碳排放量中占有重要比例，因此，低碳经济迫切要求低碳地产的大力推广。

建造真正节能、生态的房子

市面上已经有不少以生态为概念来推广的地产项目，通过细分可以发现，其大致可分为三大类：

1. 环境流派类

通过被动利用项目外部环境、或主动打造项目内外部环境的环境型流派项目，诸如星河湾（星河湾专属生态公园——北京星河湾）、大华（公园世家产品线）等。此类地产项目从建筑上说，可谓生态，却并非低碳。他们通常较易于实现，因此也是目前国内生态型住宅开发的主流模式。

与项目毗邻的顾村公园

保利叶上海规划模型图

图1-1　上海保利叶上海项目图

位于上海宝山顾村镇的保利叶上海（图1-1），凭借毗邻400hm^2顾村公园的规划优势，自项目2008年末开盘起，就比周边其他项目高出，在2009年初楼市整体低迷的情况下，依旧保持价格的高走与热销。

该项目在2009年上半年里，其中高层物业比所在板块均价高出约26%，而别墅物业也高出板块均价约17%。

此类项目更多地看重项目所在地块的先天资源，而在土地越来越稀缺、土地价格日益高涨的今天，即便穷乡僻壤位置的一块小土地，都可能是新一届地王的候选人。企业要想获得先天条件具备竞争力的土地，无疑需要强大的现金流做后盾。

2. 舒适流派类

通过领先的科技化施工方式及建筑节能设备的运用，使项目在后续使用过程中达到居住舒适、降低能耗的目的，可以将其归纳为舒适型流派地产项目。国内住宅开发商主要有朗诗（恒温·恒湿·恒氧）、锋尚国际（零能耗六星级国际公寓，引领告别空调电力时代）、中鹰集团（森林生态、德国品质、科技健康）和当代MOMA（恒湿恒温，科技住宅）等，在该领域处于领先水平。

该类建筑中应用较多的先进设备有：新型保温材料和太阳能的利用、地源热泵和中水处理系统的使用等。

同时，朗诗绿岛项目提供的精装修服务也降低了业主自行装修的噪声和二次建材浪费，从而提高建材使用效率，达到节能降耗目的。该项目的3A级住宅认证也是国内的最高人居水准。

朗诗绿岛项目所在的罗店板块住宅销售均价约在1.4万~1.6万元/m^2，而朗诗绿岛的开盘价格是高于区域均价的。

3. 舶来流派类

通过借鉴国外成熟的生态建筑标准（如美国低碳建筑LEED体系），将低碳生态概念严格地落实在项目相关环节中，建造舶来型流派的项目。严格意义上说，只有此类地产项目真正贯彻执行了低碳、生态，并获得权威机构的认可。

LEED认证（图1-2）——其认证过程采用国际公认的动态能耗模拟软件，对各项能耗、能源峰值数据进行分析并达到最优化，同时对于包括设计、施工水土流失、废弃物管理、空气质量管理、采购控制和后期运营在内的全过程进行监控管理和认证。

图1-2 LEED认证

第一节 低碳经济呼唤低碳地产

LEEDTM 的认证级别和主要指标　　表1-1

类别	节能量	附加成本（统计资料）	认证得分
铜级	10%~20%	0~5%	26~32
白银级	20%~30%	5%~10%	33~38
黄金级	30%~40%	10%~15%	39~51
白金级	约40%或以上	15%或以上	52~69

在中国，住房和城乡建设部也正在引入LEED认证系统，我国执行的《绿色奥运建筑评估体系》、《中国生态住宅技术评估手册》和上海已通过的《绿色生态小区导则》也在一定程度上借鉴了LEED认证系统。

国内符合该类生态建筑的项目数量很少，多为商办综合体项目，如深圳泰格公寓（中国首个商业、非示范性项目获得国际低碳建筑认证）、杭州西湖天地二期（商业项目）和上海绿洲仕格维花园酒店（综合体项目）等，而一些国际品牌开发商也率先尝试该类项目，希望通过低碳、节能、绿色等项目亮点吸引更多的购房者关注，同时拓展其在中国的发展。

在2009年北京CBD国际商务节上，凯德置地推出其低碳概念的凯德·锦绣社区，该项目作为北京提出"低碳CBD"概念后的首个项目，与城市理念契合，受到业界的关注，如图1-3所示。

低碳环保
采用外墙外保温，给房子穿上了保暖服，可以"冬暖夏凉"，并且在最大限度上减少室内和室外热量的传递，节约了更多的能源。

低碳地产先锋

第一章 低碳地产整合房地产产业链

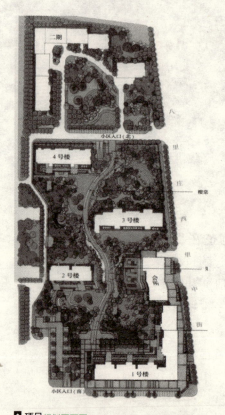

↑ 项目 规划平面图

↑ 项目 规划鸟瞰图

↑ 项目 样本房实景图

图1-3 凯德置地位于北京的 凯德·锦绣项目

  该地产项目依照企业自身出台的《低碳建筑指南》建造，以低碳、节能、绿色规划作为吸引购房者的最大亮点，囊括节能、节水、降低环境影响、可再生能源利用等方面，如使用环保建材、耐久材料、减少材料用量和采用光伏发电等措施。

  而该地产项目的节能实践还涉及户型设计和功能、园林树种的选择、灯光、道路的材质选择等。

低碳地产具有较高的溢价

关于低碳地产成本高，地产商难于赢利的观点有很多。但是，事实并非如此。下面，用数字来说话。

1. 上海几个环境型流派项目（区域）的价格分析

上海2009年3季度住宅平均价格			表1-2
区域	区域内住宅均价	区域周边住宅均价	溢价率
苏州河沿线（以普陀区为例）	3.8万元/m²	3万元/m²	1.27
浦东世纪公园	4万元/m²	3万元/m²	1.33
松江泰晤士小镇	公寓：1.3万元/m² 别墅：2 万元/m²	公寓：0.9万元/m² 别墅：1.4万元/m²	公寓：1.44 别墅：1.43
杨浦新江湾城	2.8万元/m²	2.2万元/m²	1.27
新浦江城	公寓：1.7万元/m² 别墅：3万元/m²	公寓：1.5万元/m² 别墅：2.5万元/m²	公寓：1.13 别墅：1.2

由表1-2可知，以上海为例，主打生态环境的项目（区域），较周边其他项目能够取得较大幅度溢价，其平均溢价率约在1.3的水平。

2. 舒适型流派项目的溢价分析

此类地产项目对开发商而言，算的是建筑成本增加与销售溢价之间的账；而对于购房者而言，考虑的则是购房价格的增加与未来使用费用及舒适健康的居住环境之间的账。

通过对朗诗项目投入产出的分析得知，其在建筑面积上的单位投入较普通项目高出约1500～3000元/m²，而随之因生态建设报出的销售价格，在扣除上述成本增加后，仍能获得约1500～2000元/m²的销售溢价。

以上海中鹰黑森林项目为例，为住宅提供恒温、恒湿、恒氧环境的包括制冷供热、新风、冰蓄冷等设备的使用费用为3.5元／（m²·月），以一套100m²的住宅计算，每月的设备使用费为350元，而每月因此省下的空调等电器费用可能就达数千元，一年下来就有十余万元，且能获得舒适的居住环境。因此，高于一般房屋的房价还是具有投资价值的。

3. 舶来型流派项目价格分析

需要承认的是，此类项目在国内还未有一个完善的标准，能够获得的数据较少，因此无法给出详细的数据来说明项目的盈亏状况。这里，也希望有关机构能够加大低碳建筑的推广与实施，以获得更多的基础数据。

对于房地产企业而言，他们或许现在仍纠结在是否要将低碳生态行动起来的博弈中，毕竟开发商作为建筑在建造环节的主要参与者，其力量是有限的。在其前端环节，如环保建材的生产、低碳技术的开发，需要更多的部门参与其中。而政府更应从生态城市规划建设的战略高度、低碳产业体系的构建与优化、经济杠杆与相关政策的落实出台等各方面，引导全社会积极参与到低碳时代中，将生态建筑发展起来。

低碳地产技术造价简要分析

由于中国的低碳建筑还处在起步发展阶段，因此不同项目的预期目标不同，造价成本差异也非常大。经过对低碳建筑综合成本的分析，目前低碳建筑可以分为节能主导型、技术探索型和研究示范型。三类低碳建筑是建立在对低碳建筑理解的逐层深化和逐步提高上，在成本上也体现出一个递增趋势。

1. 节能主导型低碳建筑成本分析

节能和能源利用是低碳建筑的核心，现阶段的一些低碳建筑的设计还主要是将建筑围护结构节能设计和可再生能源的利用作为低碳建筑的内容。因此增量成本集中在围护结构节能和太阳能、地热能、风能等可再生能源的利用方面。上海某酒店就是这样一个典型范例，它的示范增量成本见表1-3。

上海某酒店低碳建筑增量成本统计　　　　表1-3

项目	应用部位	增量成本（万元）	单位面积增量成本（元/m²）
外墙保温	全部	18.3	9.24
断桥铝合金低辐射节能外窗	全部	53.2	26.87
种植屋面	全部	73.9	37.32
太阳能光伏发电	全部	1306.44	659.82
地源热泵	全部	302	152.52
太阳能热水	全部	22.24	11.23
合计		1776.08	897.01

2. 技术探索型低碳建筑成本分析

技术探索型低碳建筑的主要特点是开发商本身对低碳建筑的理解较为深入，因此对低碳建筑设计的要求从单一的节能建筑上升到了"四节和环保"的高度，对较为成熟的节能技术及其他低碳建筑技术广泛采用，对于还处于发展完善中的技术尝试采用，整体建筑已经可以充分体现低碳建筑能内涵。万科集团在上海开发的一个住宅小区就是这样一个范例，其增量成本统计见表1-4。

上海某住宅小区低碳建筑增量成本统计			表1-4
技术措施	应用部位	增量成本（万元）	单位面积增量成本（元/m²）
百叶中空玻璃	全部建筑卫生间窗	274.13	14.64
双层窗	80%的建筑	874.30	46.68
地板辐射采暖（燃气）	60%的建筑	1938.33	103.49
电辐射采暖	40%建筑的卫生间	217.36	11.60
太阳能热水	25%建筑	151.32	20.08
声控光感照明	全部建筑	1.95	0.10
中水回用、节水器具	全部建筑	468.60	25.69
电梯井、楼板隔声	全部建筑	608.71	32.50
智能家居系统、安保、物业	60%的建筑	3225.96	172.23
总计		7773.15	427

3. 示范型低碳建筑成本分析

国内的清华大学、上海建科院、深圳建科院以及国外的一些研究机构纷纷在中国设计建造了一些节能示范和绿色示范建筑，这类建筑在规划设计上就充分体现了低碳建筑理念，同时集成了大量较为先进的低碳建筑技术措施，并且有一些用于研究和示范的成本投入，其总体投入一般比较高。张江集团总部办公楼是张江集团投资兴建的低碳建筑示范楼，这栋楼同时兼顾了研究示范和实际使用的功能，是引领上海张江高科的园区标志型建筑，属于研究示范型低碳建筑，其增量成本数据见表1-5。

上海某办公建筑低碳建筑成本增量统计　　　　表1-5

技术措施	应用部位	增量成本（万元）	单位面积增量成本（元/m²）
外墙XPS内保温	全部建筑	52.5	22.14
佛甲草生态屋面改造	除掉太阳能热水的全部屋面	179.14	75.55
中庭幕墙	生态中庭	96.97	40.90
活动硬遮阳	所有东、南、西向玻璃幕墙	505.11	213.04
固定遮阳	连接廊道	26.22	11.06
地源热泵	1/3建筑	777.84	328.06
太阳能光电系统	生态中庭	350.56	147.85
太阳能光热	全部	65	27.41
透水地面	整个园区	30	12.65
人工湿地	园区西北块	86.12	36.32
BA控制系统 生态展示系统	所有建筑	100	42.18
生态数据采集	1/3建筑	22	9.28
管理、组织其他费用		316.58	133.52
总计		2608.1	1100

4. 分类增量成本分析

住宅建筑的造价为600～1800元/m²，根据住宅建筑向高层发展的趋势，按照1500元/m²计算，公共建筑全装修配套的造价在3000～4000元/m²，低碳建筑中不同的技术分类成本统计见表1-6，该表展示了对于不同建筑分项，达到《低碳建筑评价标准》中★★★低碳建筑的要求。

低碳建筑分项造价增量比例统计　　　　表1-6

类别	增量成本（元/m²）	低碳建筑★★★标准	占建筑成本比例 住宅	占建筑成本比例 公建
围护结构节能	70	65%的节能标准	4.6%	1.73%
地热	100	50%采用	6%	2.25%
太阳能热水	10~20	50%采用	0.6%	0.23%
太阳能光电	350~400	10%能源比例	20%	7.50%
中水利用，雨水收集	35~40	非传统水源利用率不低于30%	2.6%	0.98%
室内环境控制	100~250	满足热、声、光、通风要求	8%	1%
建筑智能化	150			
公建	40	满足智能建筑要求		10%

通过统计，低碳建筑中地热利用、太阳能光电、室内环境质量控制、住宅的建筑智能化都是增量成本较高的内容，见图1-4。

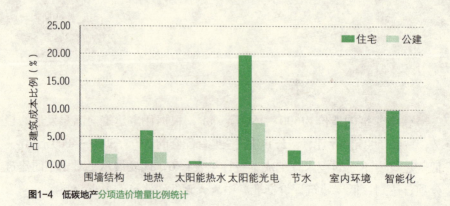

图1-4　低碳地产分项造价增量比例统计

第二节 以整合实现低碳经济与房地产产业链互动

> 低碳经济通过技术创新、制度创新、产业转型、新能源开发等多种手段,尽可能地减少煤炭、石油等高碳能源消耗,减少温室气体排放,实现低能耗、低污染、低排放。

01

低碳经济与房地产产业链整合的必要性

无论是住宅低碳技术和材料的发展,还是住宅全装修行业节能低碳创新,凸显出形成以房地产开发企业为中心的房地产产业链整合模式要求。围绕低碳建筑产品进行产业链的整合模式的探索,既要实现理念思路的集合,同时也要实现具体实施的合理分工。在前端,推动"低碳化容积率"研究,提升土地资源利用效率;在中端,加强新系统、新部品、新方法的开发,提升建设的科技含量;在后端,强化服务管理,提升"绿色附加值"。

房地产行业的低碳经济体现在其提供的最主要建筑产品上,我国的建筑存在碳排放较高的状况。据统计,我国单位建筑面积能耗可能达到发达国家的2~3倍,新建筑中八成以上为高耗能建筑,存量建筑中95%以上是高能耗建筑。根据2008年《中国建筑节能年度发展研究报告》，我国城乡建筑运行能耗约占我国商品能源总量的25.5%，而如果考虑建设过程中的能耗，则建筑行业相关能耗比例将更高。因此打造房地产行业的低碳经济显得尤为迫切。

低碳建筑的研发制造能力，将在产品、服务日益同质化的情况下，成为未来市场竞争的核心要素。从整个房地产产业链来看，低碳建筑产品的生产包括建筑的科学设计、新技术新材料的运用、创新的施工组织方式等环节，同时涉及上游建材供应商、房地产开发运营企业、下游装修装饰企业多方参与主体，其中房地产企业作为建筑的生产组织主导者。围绕低碳建筑产品率先整合房地产整个产业链，形成产业链内的合理分工，建立起建筑产品的部品、建造安装标准化体系的企业，将有望成为未来房地产业的主导者。

02

住宅产业化成为产业链整合的主导形式

住宅产业化是欧美等发达国家所通行的一种房屋住宅开发方式，以建筑部品、施工标准化体系等为基础，房地产开发企业与电工电器、卫浴、橱柜等部品供应商达成采购合作协议，完善供应商评价体系。楼梯、墙体、外墙面砖和窗框等部品都可能成为标准批量化生产，然后在现场进行拼装。这种产业化建设和工厂化预制配件，使房地产转型为工业生产，使房地产项目在建筑周期上大大缩短，对于能源消耗、建设成本、人力物力资源、成本预算和劳动强度的降低等都有巨大的好处。由于房地产建筑涉及非常广泛的材料设备、施工技术和建筑工艺等知识，开发商的成本人员、工程和设计人员也不可能全面掌握，开发商和各类供应商合作，寻找产品标准化的好方法。比如借助防水供应商的专业知识，可帮助开发商建低碳人居将成为房地产领域的下一个制高点，为未来房地产的开发方向，一场房地产企业的逐"绿"战正拉开帷幕。

立产品的防水节点设计标准、现场验收标准和工程质量建设标准等，有利于推动产品的标准化。

03

从设计到施工都要遵循低碳理念

在建筑及室内装修的规划设计和施工过程中，需要形成设计和施工一体的管理理念，从设计观念到施工实施整个过程都遵循低碳理念。例如在规划设计中，城市规划师、建筑设计师及结构师、装修设计师需要在满足客户需求下形成低碳思路的整合，尽量考虑到各个环节，一方面科学的社区规划、住宅建筑设计及室内装修设计，多考虑自然要素来实现低碳；另一方面设计中选用先进的节能保暖制冷技术设备以及节水器具。

在发达国家利用计算机和利用自然环境进行建筑节能方案优化设计方案已有长足的发展，比如日本在20世纪90年代末提出了"与环境共生住宅"的低碳理念，强调建筑立面设计技术、自然采光、通风技术、太阳能供电系统、分区空调系统、智能照明系统、分区热水采暖和制冷系统、水回收系统等设计与环境、气候协调的建筑是节能的重要方法。

04

应当引进第三方机构强化低碳产业链整合

引入具有专业技能的第三方机构，以技术与材料投入项目开发，然后节能部分由他们持续管理，这样不仅解决了资金投入问题，也保证了节能设施的后续维护问题，同时能降低低碳建筑的售价。如北京奥运村节能的成功运作，其重要原因在于引入了第三方建筑节能投资公司全面介入奥运村的节能设计、技术安排及节能设施后续管理等。

低碳经济与低碳地产技术材料的整合

　　房地产行业的低碳经济离不开低碳新技术和新材料的大力运用和发展，需要房地产产业上下游参与企业建立低碳部品的供需反馈模式、创新建造安装的施工组织模式，实现资源的整合和协调，才能推广低碳新技术和新材料的运用。2010年1月19日，中国房地产研究会、住宅产业发展和技术委员会联合新浪乐居发布了"低碳住宅技术体系"，为产业和标准方面形成了规范。

1. 掌握住宅低碳技术及其分类

　　低碳住宅技术，是指用于建造低碳住宅的各种技术，它涉及建筑、施工、采暖、通风、空调、照明、电器、建材、热工、能源、环境、检测、计算机应用等多项专业内容，横跨整个房地产及相关产业链的前沿领域。

　　我国低碳住宅技术处于起步阶段，理论界对其的研究较少，尚无统一的分类标准。中国房地产测评中心在借鉴目前各方面研究的基础上，将低碳住宅技术划分为4大部分，其中前3部分按照住宅系统结构划分而成，第4部分为既有建筑改造技术，具体分类见表1-7。

住宅低碳技术分类 表1-7

建筑物本体低碳技术	围护结构	围护结构节能技术	体形系数控制技术、窗墙比控制技术、墙体保温隔热技术、相变（内）墙体材料
		围护结构节能材料	门窗节能材料（断桥式、复合材料、Low-E中空玻璃）
			节能墙体材料
			节能屋面材料
		遮阳系统	窗户外遮阳、窗户内遮阳、中空玻璃夹百叶遮阳
		楼地面系统	浮筑式楼面、架空楼面、相变蓄热地面
	低碳设计	规划设计体系	用地控制、朝向控制、日向控制、风向利用、地形、地下、住宅选择等。体形系数控制技术、窗墙比控制技术
		建筑设计体系	面宽进深控制、形体控制、层高层数控制等
	低碳建筑、施工及装修	建筑结构系统	高强度结构体系、混凝土大空间结构体系、工业化预制装配式结构体系、砌筑结构体系
		低碳装修	设计施工一体化技术、工业化集成装修技术
		低碳施工	新型节材钢筋应用技术、可循环利用施工材料、高性能施工技术
建筑系统低碳技术	能源供给系统	常规能源	热电冷联供系统、热电煤气三联供系统
		新能源	太阳能、风力发电、生物质能应用技术、地热发电、浅层低能、污水和废水热泵技术
		余热利用/回收系统	烟气换热器、余热换热器、余热型吸收式热泵、热量回收技术（集中空调热回收技术、旋转式热回收换气技术）
		蓄能技术	提水蓄能技术、蓄能空调技术（蓄冷技术、蓄热技术）
	排放系统	排水系统	同层排水、设备管井及夹层、排水系统卫生安全、节水设备系统
		再生利用系统	中水、雨水收集处理与回用、透水材料的应用
		绿化景观系统	同层排水、地下水涵养技术、绿化景观用水控制技术、智能程控微喷灌技术、湿地环境水工程技术
		室内环境保护系统	污染物控制技术
		垃圾收集处理系统	有机垃圾生化处理技术、垃圾压缩集中转运技术、垃圾焚烧技术、垃圾管道输送技术、垃圾粉碎管道排放技术
	建筑设备系统	供热制冷系统	管道保温隔热、集中供热/制冷、分散供热/制冷

低碳地产整合房地产产业链

住宅低碳技术分类　　　　　　　　　续表

建筑系统低碳技术	建筑设备系统	冷暖供给末端系统	高效散热器、低温辐射技术、空调变风量水量技术
		配电照明系统	箱式变压器供配电技术、节能光源灯具应用技术、节能调节设备应用
		设备变频系统	变频空调技术、变频泵技术
	通风系统		自然风模拟技术、独立除湿技术、通风控制技术
建筑环境低碳技术	建筑环境控制技术	智能化建筑控制技术	
		建筑物能耗的检测技术	
		分户计量、分室控温技术	
	绿化系统	绿化种植系统	树木移植技术、人工绿化栽培技术、反季节种植技术
		屋顶绿化系统	轻型屋顶绿化节能技术、薄层基质屋顶绿化和垂直栽培技术、植生混凝土种植屋面技术
		垂直绿化及坡地绿化系统	植被混凝土绿化技术、TBS护坡绿化技术
	运行设备控制		供热管网压力流量控制技术、智能化照明控制技术、智能化设备监控技术
	废弃材料循环利用系统		工业废渣利用技术、生物质能应用技术、一般废弃物再生利用技术、建筑废弃物再用技术
既有建筑改造技术			既有建筑外围护系统、供热采暖制冷系统节能改造技术、既有建筑设备更新改造、既有建筑不同生命周期适应性改造

2. 我国低碳住宅技术发展概况

我国低碳住宅技术从20世纪80年代发展起来，至今已取得较大发展，新材料、新技术、新工艺不断涌现，也培育出一批产品质量好、企业声誉高的骨干企业。

首先，住宅低碳技术科研成果显著。包括节能建筑体系、新型节能墙体及屋面保温材料、密闭节能保温门窗、供热采暖系统等许多方面，共计获得国家科技进步奖10多项，获建设部科技进步奖69项，主要包括住宅建筑适用技术研究与珍珠岩保温砂浆、带饰面聚苯板内保温、热反射保温隔热窗帘、旧房节能改造、保温复合墙体和屋面、混凝土岩棉复合外墙板、供热管网水力平衡技术、已建建筑节能改造、空心砖墙体、加气混凝土墙体房屋、采暖居住建筑节能设计原则与方法、浮石混凝土小型空心砌块墙体等。

其次，部分节能产品产业规模上也有十足的发展。比如，我国外墙外保温历经20多年的发展实现从无到有，当前产量规模已占全球第一，拥有包括模塑、挤塑聚苯、聚氨酯、岩棉、酚醛、浆料等多种保温材料和贴、喷、抹、模板内置等多样化做法。

随着低碳经济成为我国经济发展的长期趋势，我国低碳住宅技术今后发展潜力巨大。我国现有建筑430亿m^2，另外每年新增建筑16亿～20亿m^2左右。在既有的约430亿m^2建筑中，只有4%采取了能源效率措施。据统计，到2020年，中国用于建筑节能项目的投资至少达到1.5万亿元，而在世界范围内，2009年低碳建筑产业将以60%的速度增长。据美国咨询机构麦格劳希尔建筑信息公司在报告中的预测，2013年低碳建筑的产业规模将达到目前的3倍，即906亿～1400亿美元。

但是，当前我国住宅低碳技术仍存在着部分不足：

（1）技术研发及产品转化存在一定困难。我国住宅低碳技术存在着研究经费投入不足、起步较晚、技术不成熟、研发不均衡、市场前景不确定、推广宣传力度不够等问题，其中节能技术向市场转化过程中缺乏相应的政策和合适的转化方式，造成了转化的成功率低，产学研无法有机结合的现象。

（2）低碳产品良莠不齐。据2009年上海市建设工程安全质量监督总站对112组工程节能材料的监督抽查，结果显示抽样不合格率高达19.6%。其中在某住宅项目中，某涂料公司提供的两种外墙外保温产品均不合格。

（3）节能产品大多价格较高，不利于低碳住宅的普及。我国居民建筑节能意识较为薄弱，在节能与价格面前常常选择一时的低价，间接造成了开发商对低碳住宅的不重视，低碳住宅推广较为困难。

因此，未来我国住宅低碳技术将通过国外资本与技术的引进，功能、质量与价格的市场竞争和优胜劣汰，促进低碳技术的不断进步和新材料的不断涌现。

06

低碳经济与住宅全装修行业的整合

全装修是为了满足我国现代化住宅产业的发展需要，由专业的装修工程承包商提供的规模化、集中化、装配化的装修施工方式，完成套内所有功能空间的固定面和管线全部铺装或粉刷完成，住宅的水、电、厨房、卫生间等基本硬件配套设施完备。全装修的节能低碳是推广节能低碳住宅重要的一环，其创新表现在装修材料与设备的制造、使用及施工等过程中，最大限度地减少石化能源的使用，降低二氧化碳排放量。推广全装修行业节能低碳创新，有助于带动节能、节水、环保、低碳产品的应用，提高整个装饰装修行业水平。

1. 全装修行业的发展现状

在欧洲和日本，集合住宅一般都是全装修的，基本上一次性到位。日本的商品住宅是经过基本装修的商品，基本装修包括墙体、顶棚、地板、地面等室内表面及维护体，门窗等制品，电气、换气、给水排水等设备，厨房、卫生间热水系统生活器具、供电控制盘、插座和安全警报等。在设计上重视室内外环境质量，例如欧洲许多住宅的窗子上部、阳光门上部和外墙都有小型的条形进风器。为了解决外墙和门窗保温隔热及密封导致室内外空气交换问题，采取可调节室内通风量的房屋呼吸系统，通过对通风量的控制，形成室内外正负压差，让新鲜空气先进入主要居室，再经过卫生间和厨房，将污浊空气排出室外。在选材和施工方面尽可能采取工业化制造的部品设备和装修装饰材料，要求这些产品具备稳定性、耐久性、环保性和通用性。例如，挪威内外两色的喷塑铝合金断热窗，不仅保温隔热，而且可以翻转360°。由于欧洲国家对住宅节能十分重视，推行节能计划，"生态型装修住宅"得到大力推广。欧洲国家对墙体的保温隔热和门窗的节能都制定了明确的要求，建筑师必须按照国家相关规定设计和选用材料。

随着我国相关政策的扶持鼓励，全装修房的比例逐渐增加。中国房地产测评中心《2009年中国房地产开发企业500强测评研究报告》指出，2009年前三季度上海、北京、广州、深圳四大一线城市全装修房屋的预售占比分别达到了22.5%、20%、

低碳环保
建筑材料生产商，要考虑到产品的生命周期绿色设计指标，除了给出物理性能之外，还要给出碳排放指标。

47.6%和19.7%，其中，高档住宅在全装修房中所占比例更高。行业发展的规范必然促使有上下游资源整合能力的品牌企业崛起和装修模式的革新。上海全筑建立起全装修的全筑标准，参与了《上海市节能省地型住宅适用技术应用指南》组成部分——住宅室内全装修课题编制，该技术应用指南将在上海市范围内全面实施和推广。原本以酒店装修为主的金螳螂，正大力进军住宅装修市场，通过与地产商的合作，大力开展全装修业务，目前全装修营业额已超过5亿元。深圳广田在全装修领域，依托技术研发中心，以节能环保装饰装修为突破口，研发推广绿色节能环保型室内外装饰技术及产品。

鉴于装修装饰行业目前所处的发展阶段，上下游资源整合的全装修及精装修规模化的模式，将成为住宅市场的主导。

2. 全装修行业节能低碳创新发展现状及存在问题

2007年《中国节能环保装饰装修认证实施规则》出台，通过认证手段引导装修装饰行业在材料选取及施工工艺等环节，进行节能环保低碳方面的创新。中国房地产测评中心研究发现，一大批节能低碳技术和材料已被广泛运用在全装修领域。在材料选取方面，采用绿色、低碳和节能功能的新型涂料，如申得欧有限公司生产的外墙隔热涂料、态美节能涂料有限公司生产的节能涂料，突破传统涂料的装饰功能；可耐福的减振隔墙系统在分隔住宅领域也有着突出的优势，能够起到有效降噪、节能和节约空间的作用。还有巴斯夫化学建材（中国）有限公司的地坪系统和屋面防水系统、德国汉高的瓷砖粘贴系统、防水系统和建筑墙体节能系统等。房地产企业、装修企业与新技术新材料的供应商形成采购体系，促进了全装修行业在节能环保低碳方面的创新。

在施工方面，引进先进的数控等机械设备组成的自动化生产流水线，采取标准化的施工技术，创新管理模式，提高施工效率，减少垃圾和噪声、粉尘污染，例如便于维修的"两层皮"布线技术，即装修面和建筑面中间有5cm的距离埋管线，线都布在夹空层里面，不需要砸开墙面或地面再进行填埋，使装修的过程变得简单，水电位也不受影响，方便装修更改和二次装修。全装修行业节能低碳创新虽然取得一些进展，但节能低碳装修大规模推广还存在不少问题。

（1）在材料采购环节，节能低碳材料价格一般相对较高，据估计，做节能低碳装修的前期投入要高出普通装修的20%～30%，节能低碳全装修的住宅价格也比同类地段的住宅溢价30%～50%。另外消费者对节能低碳材料的了解程度和鉴别能力有限，看到报价后，绝大多数消费者对节能低碳装修是否物有所值持有怀疑态度，导致节能低碳装修材料设备的推广存在一定障碍。

（2）在施工环节，全装修行业施工人员的知识层次普遍不高。与其他施工专业相比，装修、装饰和施工涉及的材料品种多、施工工艺复杂、施工程序繁琐，土建专业施工所用材料大致只有十多种，而装饰专业所用施工材料多达上百种，施工工序内容也多达几十种，大部分节能低碳装修需要多种材料的配合使用，一些电器设备需要较高的专业施工水平。这就要求装饰施工工人必须具有良好的专业素质。同时节能节材环保激励机制也不够健全，浪费返工等粗放型施工现象较常见。

（3）缺乏全装修验收标准，节能低碳装修的认证验收标准更是空白，造成存在装修房质量、合同履行和售后服务方面这三大问题。日本在20世纪60年代初期制订了《推动住宅产业标准化五年计划》，还分别制订了"住宅性能标准"、"住宅性能测定方法和住宅性能等级标准"以及"施工机具标准"、"设计方法标准"等硬性规定，使得住宅有了统一的装修标准，实现大众住宅从建筑结构到室内装修流程的一体化。

低碳地产整合房地产产业链

| 什么是碳交易？ | 搜索 |

低碳智库 01

碳交易是为促进全球温室气体减排，减少全球二氧化碳排放所采用的市场机制。联合国政府间气候变化专门委员会通过艰难谈判，于1992年5月9日通过《联合国气候变化框架公约》（UNFCCC，简称《公约》）。1997年12月于日本京都通过了《公约》的第一个附加协议，即《京都议定书》（简称《议定书》）。《议定书》把市场机制作为解决二氧化碳为代表的温室气体减排问题的新路径，即把二氧化碳排放权作为一种商品，从而形成了二氧化碳排放权的交易，简称碳交易。

碳交易基本原理是，合同的一方通过支付另一方获得温室气体减排额，买方可以将购得的减排额用于减缓温室效应从而实现其减排的目标（图1-5）。在6种被要求排减的温室气体中，二氧化碳（CO_2）为最大宗，所以这种交易以每吨二氧化碳当量（tCO_2e）为计算单位，所以通称为"碳交易"，其交易市场称为碳市场（Carbon Market）。

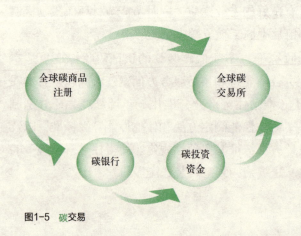

图1-5　碳交易

万科以住宅产业化
引领低碳地产潮流

万科倡导通过住宅工业化推动行业的低碳、节能，这不仅是对房地产行业粗放现状的颠覆式回应，更是对行业可持续发展模式的战略选择。通过"资助工业化住宅基础教育与本土青年建筑师竞赛"等公益项目，探索解决相关问题的途径。
位于深圳盐田区大梅沙的万科中心新址，作为万科低碳建筑的代表力作，全部建筑材料都采用绿色建材，相对同类型建筑可以节能75%，并向绿色建筑LEED体系铂金奖和国家鲁班奖发起冲击。

第一节 万科低碳地产模式全揭秘

> 作为我国住宅产业化的领军企业，万科早在21世纪初期就致力于住宅产业化技术的研究，2010年，万科中粮·假日风景B3和B4号楼竣工交付，标志着万科在北京的住宅产业化进程已经完成探路。2014年万科将全面实现住宅产业化。

住宅产业化的实现将极大地提高住宅生产效率，提高住宅整体质量，并降低住宅生产过程中的物料消耗、噪声污染、二次装修污染等，为我国房地产行业朝低碳之路迈进奠定了坚实的基础。

低碳理念：基于资源节约思路推行住宅产业化

从2003年开始，万科的工业化住宅模式将建筑尽量分解为梁柱、楼板、墙壁等若干份标准化的部件，在工厂里预制之后，再搬运到工地拼装起来。工业化住宅普及的前景，不仅意味着建筑效率和质量的提升，和规模经济效应带来的成本节省，更重要的是工业化住宅从建造到使用的整个生命周期，相对传统方法制造的房子都将更节能、更环保。工业化住宅的施工过程可以减少用水60%，减少建筑垃圾80%；工地现场将更加有序；门窗与墙体间的密闭性带来住宅使用过程中冬季采暖与夏季制冷效率的提高；房屋的使用寿命也将大大增加，这也是一种资源节约。

万科低碳地产模式全揭秘   第一节

> **链接**
> ## 万科城四期有标志性意义

2010年,万科与英国零能耗工厂联手打造的基于南方气候环境下的节能、环保、零能源消耗、零碳排放的智能化住宅——深圳万科城四期已见雏形,这标志着万科在探求低碳建筑的道路上迈出了一大步,当仁不让地成为低碳生活的领军者。与万科相比,朗诗、当代、中鹰、锋尚等后起之秀瞄准绿色住宅的细分市场,引进国际住宅设计方面的先进技术和环保建材,在国内打造了一批别具特色的绿色环保住宅,举起了低碳先锋企业的大旗。

万科城四期还设计并建造了中国首个零碳房屋"万科零宅"(图2-1)。

零能耗试验住宅位于万科城四期内,建筑面积约400m²。

试验住宅定位为展示未来3~5年住宅的发展方向,成为一个绿色宣传、研究的平台,项目的性质是一个生态型、智能化及体验式的住宅。

零能耗试验住宅为华南地区首个真正意义上的零能耗建筑。

万科住宅产业化大事记　　表2-1

时间	事件
1999年	万科建筑研究中心成立
2001年	万科部品战略采购平台建立
2002年	万科建筑研究中心研究大楼落成
2003年	万科标准化项目启动
2004年	万科工厂化中心成立,万科PC技术研究开展
2005年	万科1号实验楼落成
2006年	万科产业化研究基地项目立项、上海新里程项目启动
2007年	万科获得国家住宅产业化研究基地称号,上海新里程项目推向市场
2008年	青年之家住宅产品研发完成,深圳第五园青年公寓与青年之家工厂化试点项目开工
2009年	北京万科的首个住宅产业化项目——万科中粮·假日风景B3和B4号楼竣工交付,万科在北京的住宅产业化进程已经完成探路
2010年	在万科地产首个尝试生态城建设的天津东丽湖·万科城项目中,HIS住宅技术被广泛应用

图2-1　万科城四期中的零能耗试验住宅

02

低碳主线：住宅工业化研究、创新与实践

低碳化建筑，代表着万科对绿色建筑的前沿探索和理想使命。而在工业化住宅方面的努力，是万科低碳绿色建筑研究与创新的一个主线。万科集团董事会主席王石提出，万科将把企业社会责任系统地融入企业总体发展战略，积极主动地考量和对待企业社会责任问题。

在总体框架下，万科履行企业社会责任主要从环境、经营和社会三个维度思考与实践自身的企业公民行为。

从行业对环境影响的角度出发，万科提出以"工业化住宅"作为行业技术变革的方法，以"杜绝一切不必要的浪费"作为经营过程中环保节能的主旨，以"人居环境"作为未来环境研究的主题。

链接

万科松山湖住宅产业化基地

位于东莞市松山湖的万科工业化住宅研究基地4号实验楼（图2-2），于2007年11月被建设部授予万科为企业联盟型"国家住宅产业化基地"。通过采用可循环使用的模具，70%以上工序实现干作业，并降低了对各种资源、能源的消耗，保温、隔热的综合设计将建筑综合节能率提升至65%。

图2-2 万科松山湖实景

1. 工业化住宅：像搭积木一样盖房子

住宅产业化，即用工业化生产方式来建造住宅，以提高住宅生产的劳动生产率，提升住宅的整体质量，降低能源消耗。工业化的建造方式能显著减低建造过程中的能耗、水耗和材料的消耗，仅能耗一项就比传统施工方式降低20%～30%。住宅产业化的实现将大大提高劳动生产率和住宅的整体质量，并降低住宅生产过程中的物料消耗、噪声污染、二次装修污染等。

"工业化住宅"这个词听起来挺玄，其实就是用搭积木、组装家具的方式来盖楼。一般只需要两步：第一步，先在施工现场把建设房子的"支撑结构"建好，比如地基、框架、地下室等，以及水、电、燃气等设备管线；第二步，安上"填充结构"，如预制的屋面、厨卫、阳台、楼梯和壁柜等。

这些"填充结构"，并不是在施工现场制造，而是由各个预制工厂生产，与前期施工同步进行。一路下来，工人们最主要的工作，就是按照设计图纸，安装这些预制件，把墙、整体厨卫、阳台、楼梯完美地拼接在一起。"工业化住宅"的核心，就是各类"填充结构"的制造，比如复合墙体、屋面、门窗、隔墙和卫生间等。

2. 工业化住宅：复合墙体胜过传统墙体

传统的墙体为什么容易开裂、渗水呢？是因为它工人用一块块砖砌出来的，很容易造成偏差，不仅如此，由于材料单一，保温隔热也不理想。

（1）复合墙体用的是"三明治"结构

而"工业化住宅"用的是"复合墙体"，它是"三明治"结构，即把内外墙面材料、结构支撑材料和隔热保温材料组合在一起，满足围护、防水、排水、保温、防火等多种要求。

其中有一种新型复合墙体，叫"密肋复合墙体"，它使用小横截面的钢筋混凝土梁、柱,组成网格状的支撑结构,在格子中填充炉渣、粉煤灰等工业废料,或者加气混凝土块。其外层喷射"玻璃纤维增强水泥"(GRC)和聚乙烯泡沫保温层后,可用作建筑的保温外墙。GRC是在含碱度低的水泥中,加入二氧化锆和玻璃纤维的复合材料。这种外墙减轻了自重的同时,又保持了强度,抗震能力高于砖墙,保温能力好,避免了普通墙体的热桥作用,解决了墙体内表面冬季结露的现象。

(2)复合墙体用的是"加气混凝土"材料

复合墙体用什么材料做的呢——"加气混凝土"。它含有大量充满空气的微小孔洞,因此质量轻(是红砖质量的1/3,普通混凝土质量的1/4)、保温效果好(5cm厚墙的保温效果相当于20cm厚的砖墙)。加气混凝土以石英砂、石灰、水泥、石膏为主要原材料,以铝粉作为发泡剂,在200℃高温、10~20标准大气压下,养护14h左右后形成。

全球最大的"加气混凝土"生产商是德国伊通公司(YTONG),它生产的板材和砌块如同木材一样,可以锯、钻、钉等加工,甚至可以在四边刨出凹凸槽,使板材之间匹配更紧密。伊通的年生产能力超过1000万m^3。

甚至秸秆也能作为复合墙体的材料,通过切草、筛选、施胶、成型、热压及后处理等工序,普通的麦秸就能形成1~4t/m^3的板材。由于麦秸内部是空的,麦秸之间存在充分的孔隙,因此隔声、保温性能良好,通常与石膏板、加气混凝土砌块/板材组成内隔墙。根据南京林业大学的研究,由麦秆内衬材料,石膏板和石灰水泥砂浆组成的轻质麦秸复合墙体,能耗指标仅为砖墙的29%(假设砖墙能耗指标为100%)。

3. 工业化住宅:整体卫生间优点多

除复合墙体外,"工业化住宅"的卫生间也有很多优点。与以往卫生间所用的瓷砖墙面相比,它不仅更防滑防撞,保温隔热的性能也更高,不用再安装浴霸;由于没有缝隙微孔,也更容易清洁。

而今，云计算的应用让建筑可以不使用实物的电脑设备，而将整个运算功能外包，这也是智能建筑节能环保的一个大方向。

与复合墙体不同，整体卫生间采用盒子状的结构，相邻的墙连接成一体，装修和卫生洁具等设备都在预制工厂完成。由于卫浴设备与底板一次成型，没有了拼接缝隙，因此不会渗水漏水。

制造整体卫生间墙板、底板，多采用"片状模塑料"（SMC）的复合材料，在精密机床上一次压制成型。生产商可以根据建筑的需要，开发多种面积、布局和颜色的产品。SMC材料的机械性能可以替代金属，比如制造汽车的保险杠、仪表盘，产品的寿命可长达20年。

4. 万科工业化住宅试验：设立专门研究机构

预制技术本来不新鲜，如公路上的水泥隔离墩，新鲜的是建造房屋。如何把建筑的"支撑结构"和"填充结构"分开，拆分出各种构件，构件如何生产、如何组装以及如何控制质量，以满足设计要求？

（1）成立"建筑虚拟模型技术"实验室

在这方面，万科与香港理工大学和日本前田工业株式会社合作，成立了"建筑虚拟模型技术"实验室。通过计算机辅助设计等手段，这个实验室主要完成四项任务：在设计过程中，检查各个构件尺寸的合理性，构件之间是否存在冲突或不一致，从而保证设计方案的可施工性；在施工过程中，检测在现场安装时，构件、设备之间的冲突问题；可模拟施工过程，进行施工方案可行性评估，对多个方案进行比较筛选；模拟施工工期，尽可能缩短工期，降低成本。

（2）建立了"预制混凝土构件生产实验室"

为了保证各类预制部品的质量，万科建立了"预制混凝土构件生产实验室"。实验室拥有三条生产线：钢模具加工线，它为预制构件提供模板；钢筋加工线，它为预制构件提供钢筋加工、绑扎；三是浇筑线，包括5个浇筑承台、1个混凝土搅拌站，最后的预制构件在这里浇筑成型、养护、拆模。实验室设备先进，主要的大型设备全部从日本和德国进口，并采用了电脑控制的混凝土搅拌站，以确保混凝土原料间的配比准确。

这些预制产品也满足了环保潮流，根据万科的测算，实施"工业化住宅"后，建筑垃圾减少83%，材料损耗减少60%，可回收材料66%，建筑节能50%以上。

5. 万科住宅工业化实战进程

经过数十年的努力，万科住宅产业化研究日趋成熟。2008年，万科已经竣工交付的工业化住宅产品面积达到7.4万m^2，新开工的住宅工业化项目达到9个，面积超过60万m^2，覆盖上海、深圳、北京三个城市。万科董事长王石表示，到2014年万科将完全实现住宅产业化，2015年万科的开工量将达到1300万～1500万m^2。

（1）万科的住宅产业化之路是从住宅标准化开始

1999年成立的建筑研究中心标志着标准化研发序幕的开启。2002年万科建筑研究中心大楼正式落成。这期间完成了两件工作：一件是完成了一系列的技术研发工作，并形成《技术研发成果汇编》；另一件是建立了集团的材料和部品战略采购平台，为住宅标准化做好了充分的前期准备。

（2）2003年万科住宅标准化运动全面展开

万科不仅快速复制了许多由多层公寓和情景洋房组成的住宅小区，还进行了标准化部品的设计和研发，形成了标准化部品库。这些标准化部品遵循的是工业化的生产和安装方式，对提高成品质量及保证其质量的稳定性很有帮助。2003年万科还发布了"双标"文件，即《住宅使用标准》和《住宅性能标准》，标志着万科住宅内控标准的正式建立。

（3）2004年万科在标准化基础上启动了住宅工业化

2004年，万科在标准化工作的基础上，启动工厂化工作，成立了工厂化中心，开始工厂化住宅的研究工作（图2-3）。

在住宅产业化进程中，万科遵循科学严密的过程，所有工作必经四个阶段：认知、掌握、创造、应用。经过对国际上各种工厂化住宅体系的调研，万科结合国内的实际情况，最终从轻钢结构、木结构、预制混凝土结构三种住宅体系中选择了预制混凝土结构住宅作为万科工厂化住宅的研究方向。为了对预制混凝土结构住宅进行充分的认识，2004年底开始设计1号试验楼，在这栋住宅楼上试验了PC（预制混凝土）结构、PC外墙、

图2-3　万科住宅产业化生产房屋构建的实验室

PC整体式厨房和卫生间、轻钢外墙、轻钢屋顶和ALC外墙，对各种工业化建筑体系完成了一次全面的检验。在1号试验楼的经验基础上，同时经过对欧洲、香港和日本三个地区的预制混凝土结构住宅的研究，最终发现日本的预制混凝土结构住宅技术最适合我国的情况。

（4）2006年万科制定了中长期工业化住宅计划

2006年，万科制定了中长期工业化住宅计划，从三条路线完成工业化住宅的商品化（图2-4）：

图2-4　万科住宅工业化三条道路

第一条是RC的工业化，即在传统现浇钢筋混凝土结构基础上的逐步改良，逐渐向工业化住宅过渡，其主要目标是解决项目开发过程中遇到的传统建造方式带来的工程质量问题；

万科以住宅产业化引领低碳地产潮流

01 低碳解码

RC的工业化道路，是在建筑研究中心的规划下，万科各区域公司参与的工业化住宅之路，不涉及结构体系。首先，是轻钢围护系统在传统的现浇钢筋混凝土结构体系上的应用。在2005年，万科与世界500强企业——OC（欧文斯科宁）签订了关于轻钢结构外围护体系的战略研究协议，开始轻钢外墙和轻钢屋顶系统的研究开发。2006年年初在万科工厂化1号实验楼上面进行了系列试验，完成了技术验证之后，在武汉城市花园项目上东区进行了试点应用，进而对销售情况和居住情况进行总结分析。为了和武汉试点项目进行不同区域消费者对比，在完成武汉试点项目之后又在北京四季花城项目进行试点。其次，是PC外墙体系。在1号实验楼的PC外墙试验之后，万科上海公司首先迈出走向PC住宅之路的第一步。如"新里程"项目的20号、21号楼分别采用香港PC技术和日本PC技术进行外墙设计和建造，并在2007年春季开工建设。因此无论是轻钢结构的外墙、屋顶，还是PC结构的外墙，都能有效地解决房地产开发企业所面临的外围护系统渗漏而遭投诉的难题。

第二条是PC工法的开发，即完全的工业化住宅体系的研发，为未来规模化工业化住宅生产作产品技术开发；

第三条是内装的工业化，主要是针对国内毛坯房交楼的实际状况，内装的工业化成为住宅工业化的前提条件。

02 低碳解码

第二条道路，即PC工法的开发，从1号实验楼的全预制体系开始，到2号实验楼选定的半预制体系，逐步沿着既定的"神州计划"前进。2号楼除了结构柱之外，梁、楼板、直接外墙、楼梯等都采用PC构件，工厂预制、现场拼装。而非直接外墙、楼梯间墙、分户墙则采用ALC墙板，内隔墙采用轻钢龙骨双面石膏板系统。设备系统将完全与主体结构脱开，给排水系统采用同层系统，内装系统将完全采用来自日本的松下设计及其配套产品。

（5）住宅工业化代表重要项目：上海新里程

万科先后在上海、深圳、北京等区域开始工业化项目的实际操作。上海万科新里程（图2-5）20号、21号楼总建筑面积1.4万m^2，是万科首个市场化的工厂化住宅项目，标志着万科的住宅工业化告别了纯实验阶段。新里程20号、21号楼为框架-剪力墙结构，除梁柱和少量现浇楼板外，其余外墙板、楼梯、阳台和楼板均为工业化构件，预制率为36.8%。

上海新里程项目整合了上下游产业链包括规划、设计、施工、安装、部品及监理等环节在内的50多个核心合作伙伴，涉及各种标准200多个。2007年对项目进行了建筑能效评估，与未采取节能措施的住宅建筑相比，在正常居住使用过程中，全年可节电63.8万kWh，折合标准煤233.5t，减少二氧化碳排放684t，节能率超过60%。

图2-5　上海新里程建筑实景

万科以住宅产业化引领低碳地产潮流

链接

借鉴日本、美国的"工业化住宅"

"住宅产业化"并不是一个新概念,早在20世纪60年代,日本的建筑师们就提出过。当时,日本经济开始起飞,住宅需求猛增,而建筑技术人员和熟练工业数量不足,日本政府希望通过工厂化大生产方式,解决民众的住房问题。

1. 日本设立了制度执行住宅工业化

到20世纪70年代,日本住宅产业化已经相当成熟,已经能够生产盒子式、单元式等住宅产品,产业化住宅占全部竣工住宅总数的10%。到80年代,则设立"优良住宅部品认证"制度,规范了工业化住宅体系的质量和功能。到90年代,则形成了"住宅通用部件制度"。

日本最大的住宅产业化集团之一,是积水化学株式会社。其在埼玉县的一座住宅工厂,用工业流水线的方式生产房子,把住宅分拆成一个个盒子式的构件,在生产线上制造完成一栋住宅所需要的全部构件,只需要花费四十多分钟,然后运到施工现场,在一天之内组装完毕。

2. 美国通过细分工执行住宅工业化

美国房屋的建造分工很细,讲究专业化,不是建筑商直接施工,而是分到各个分包商。这些分包商的业务,仅集中在某一领域,比如有的只做建筑防火,有的只负责墙面制作和安装。早在20世纪90年代,所有建筑公司总数的75%都是分包商。

通常,总承包商在接到工程项目后,先要确定分包商,列出名单后,交给业主聘请的建筑师或者土木工程师审查备案,并对公众公布。最后,建筑商交付的是从土木建筑结构到内外装修,以及房屋前后花园、游泳池等一揽子交钥匙工程(Turn Key)。

万科低碳地产模式全揭秘 | 第一节

施工也采用流水化作业，而不是平行施工。上一工序在完成施工、清理现场后，下一工序才进入现场。比如挖掘公司完成土方开挖后，现场留下回填用土，再由负责筑砌的公司完成混凝土基础、土方回填及平整地面，接着进行地上部分的施工。

美国广泛采取的建筑体系是以混凝土为基础，以轻质复合墙体为围护结构，以木材为框架的木结构建筑体系。

低碳手段：利用整个产业的力量实践低碳地产

通过对供应商的整合，万科还带动更多的合作伙伴承担社会责任，以整个产业链的力量实现建筑行业的节能减排和绿色环保。2008年万科还委托第三方顾问机构对所有供应商进行"万科合作伙伴关系调查"，在业界首次推出合作共赢指数；2010年，万科要求施工总承包战略合作伙伴必须通过ISO 9000质量管理体系、ISO 14000环境管理体系、OHSAS 18000职业健康安全管理体系认证。

从企业经营视角，"均好中成长"是对万科、对投资者的一种承诺，"关注健康与成长"则是万科对员工的一种承诺，"建设和谐社区"是万科在客户关系方面的投入，更是与"社会和谐"这一主题的结合，"与合作伙伴共同进步"既有益于改善合作伙伴关系，又可以通过供应链放大企业社会责任的影响。

图2-6 万科中心局部实景

低碳地产先锋

显然，过去万科曾通过资产规模、销售额、利润、增速、品牌、产品和服务等各种企业的维度来求证自己的意义。而现在，万科意识到，作为自然和社会的一分子，最终要在自然和社会中求证存在和发展的意义。

万科中心局部实景如图2-6所示。

链接

什么是产业链整合？

整合的本质是对分离状态的现状进行调整、组合和一体化。产业链整合是对产业链进行调整和协同的过程。对产业链整合的分析，可以分别从宏观、产业和微观的视角进行。产业链整合是产业链环节中的某个主导企业通过调整、优化相关企业关系使其协同行动，提高整个产业链的运作效能，最终提升企业竞争优势的过程。

1. 产业链整合有横向整合、纵向整合以及混合整合三种类型

横向整合是指通过对产业链上相同类型企业的约束来提高企业的集中度，扩大市场势力，从而增加对市场价格的控制力，从而获得垄断利润。纵向整合是指产业链上的企业通过对上下游企业施加纵向约束，使之接受一体化或准一体化的合约，通过产量或价格控制实现纵向的产业利润最大化。混合整合又称为斜向整合，是指和本产业紧密相关的企业进行一体化或是约束，它既包括了横向整合又包括了纵向整合，是两者的结合。

2. 以整合是否涉及股权的转让可分为股权的并购、拆分以及战略联盟

股权并购是股权并购型产业链整合，是指产业链上的主导企业通过股权并购或控股的方式对产业链上关键环节的企业实施控制，以构筑通畅、稳定和完整的产业链的整合模式。拆分是指原来包括多个产业链环节的企业将其中的一个或多个环节从企业中剥离出去，变企业分工为市场分工，以提高企业的核心竞争力和专业化水平。战略联盟型产业链整合是指主导企业与产业链上关键企业结成战略联盟，以达到提高整个产业链及企业自身竞争力的目的。

第一节 万科低碳地产模式全揭秘

低碳目标：2014年产品全部实现工业化绿色模式

从2008年开始，万科所有在售项目均已落实节能信息公示。按照战略，万科的住宅产品到2014年将全部出自工业化绿色住宅模式。

基于技术优势，万科正在雄心勃勃地推广自己的新模式，在北京、天津、上海、深圳等城市陆续推出了自己的工业化住宅项目。2009年万科将有40%的施工面积采用工业化施工模式。根据2009年中报，万科2009年新开工面积585万m^2。由此可知，工业化施工在2009年能够帮助万科少消耗4932t煤、108万m^3水、数千公顷的森林。

链接

万科上海世博低碳馆

上海世博会万科馆主要由天然麦秸秆为建筑材料的展馆由七个相互独立的筒状建筑组成，仿佛七座金灿灿的"麦垛"，各筒之间将通过顶部的蓝色透光ETFE膜连成一体。超过1000m^2的开放水域环绕着7个圆筒，水面映照天空，试图让参观者感受到与自然亲近的愉悦。展馆将通过热压和风压两种自然通风的模式，尽可能最大化自然通风，减少空调的使用，降低能耗。每个筒的顶端将镶嵌蓝色透明ETFE膜气枕天窗，通过自然采光照明降低照明的能耗。万科馆将通过五个小故事来讲述关于人、自然和城市的相互尊重。

图2-7　万科上海世博会低碳模型

第二节 | 魅力低碳巨筑：万科中心

> 万科中心是一栋实验性的建筑，绿色环保理念是其建筑精髓。站在顶层，透过玻璃幕墙，能清晰地看到灰色外立面原来是一条条横向排列的金属遮阳板，上面还有细小镂空的花纹，据说这一设计是史蒂芬·霍尔受一片棕榈叶的启发。金属遮阳板可以变化角度调节室内光照，达到节能的效果。

万科中心房顶上装有太阳能集热设备，整个建筑电力的15%通过太阳能解决。低头向下看，景观水池、湿地原来是雨水/污水全收集处理系统的一部分，水资源在这里能够循环利用。

俯视景观园林中一方池水的中央是一个下凹的空间，其中没有注水，据介绍这是为万科中心地下空间的采光而设计，万科中心地下约4万m^2建筑。万科中心综合运用了照明系统、自然通风等一系列新技术，随处可见各种新奇的设计。

在美国国家地理频道制作的《绿色巨型建筑》（Green）高清系列纪录片里，《万科中心》单独作为其中一集，长达1小时，占据了整部系列的1/3篇幅。

这座2009年10月刚刚成为万科企业新总部的建筑综合体，办公部分已落成使用，其他商业部分还在施工中。但在百度上，与之相关网页已多达1330万篇。远在大洋彼岸的美国国家地理频道，早在2009年8月5日就曾专程来访。

魅力低碳巨筑：万科中心　第二节

作为中国绿色建筑的"新标杆"，万科中心一时间成为媒体新宠。美国、日本、英国、荷兰、加拿大、西班牙等国家和国内的诸多媒体纷至沓来，争相报道。专程去参观的国内媒体，已约200家。而各界参观群众，更将此地视为大梅沙度假村一个新的观光景点。

这个占地面积61729.7m^2，总建筑面积80200m^2的庞然大物，集办公、住宅和酒店等功能为一体，以世界首创的斜拉桥上盖房子理念，在大梅沙内湖公园环抱中，营造出了一个"漂浮的地平线，躺着的摩天楼"（图2-8~图2-14）。

在独特水平杆状空间的造型背后，更让人叹为观止的是它对于生态平衡的积极探索。

图2-8　万科中心外墙实景

图2-9　万科中心内部一角

图2-10　万科中心外观实景

图2-11　万科中心人工湖

第二章 万科以住宅产业化引领低碳地产潮流

链接

王石：向动植物学习绿色建筑

2009年8月22日，万科企业股份有限公司董事会主席王石在中山大学叶葆定三楼演讲厅阐述了他与万科的建筑理想。他指出，万科的三组建筑（新万科总部大厦、世博会万科馆、万科住宅研究中心）反映了万科对未来的思索，就是绿色、环保、生态，就是对社会和自然的尊重。

万科集团总部将于9月29日正式搬迁，这个位于深圳盐田区大梅沙的万科总部大厦办公楼工程已经基本竣工，而这座大厦最高只有6层，是一座"平放着的"大厦。

万科购买土地的时候，占实际地面很小，大部分用来绿化。因为平放着的大厦是用拉索和框架的技术，将8万t的建筑抬在空中，基本上是不占地的，像珠江大桥上的悬拉索大桥，等于是将建筑建在桥上。悬起来的大厦下面是开放的公园，市民可以随意散步。

"作为目前世界上最大的住宅开发企业之一，我们要从生态、环保的角度改变目前传统住宅的工法。"王石推出了自己的观点。

在王石的构思中，建筑不仅仅是水泥加钢筋，应该更生态、更环保。不光采用绿色的建筑材料，而且整个建筑过程、使用过程都是生态和环保的，甚至向植物、动物学习，使建筑更美、更环保。

图2-12 万科中心整体规划模型

图2-13 万科中心局部

魅力低碳巨筑：万科中心 第二节

图2-14 万科中心外墙一角

以住宅产业化而领先业界的万科，新总部的象征作用不言而喻，光是设计方案就在全球寻找了近30家知名设计事务所，经过三轮竞赛，历时一年半才最终定夺。

这个由世界十大建筑师之一的Steven先生担纲设计的水平向超高层建筑，立意高远，直指可持续发展LEED体系的最高奖——铂金奖为目标。

与当初鸟巢、水立方、国家大剧院、中央电视台曾经激起的轩然大波不同，万科中心惊艳一片，获得的却是交口称赞。作为一个热带的、可持续的21世纪构想，它融合了多项新的可持续发展的低碳地产技术。

万科以住宅产业化引领低碳地产潮流

节资结构：节约投资8000万元

作为中国第一个集大跨度、钢结构、悬拉索与预应力于一体的新型综合建筑，构造出了独一无二的连续底部大空间，具备紧密多样的使用性、可变性和灵活性，而且比传统巨型钢支撑结构节约投资约8000万元。

集大跨度、钢结构、悬拉索与预应力具体指标：

1. 大跨度50m，悬挑25m。使得首层占用绿地面积尽量小，除入口大堂和电梯楼梯间全部为绿化面积；
2. 仅省钢材一项，估算拉索结构比钢结构+钢桁架结构节省6000万元左右；
3. 具有构件尺寸变小、楼体自重减小、获得的使用空间变大等优势。

风热节能：采用新风热回收与自然采光

万科中心漂浮的建筑体盘旋在独创的"海水涂鸦"花园上空，多元的日常生活可以在办公室、公寓和酒店等功能单元之间不断改变和演化。而在犹如珊瑚般的透明基座上，是自由、灵活有遮盖的景观绿地，海风和陆风可以来去自如，形成了一个多孔的微型气候和庇荫（图2-15～图2-16）。

魅力低碳巨筑：万科中心 第二节

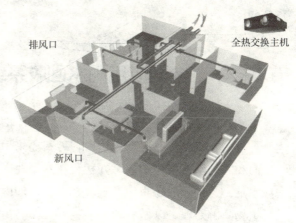

图2-15　全热交换中央新风系统原理示意图

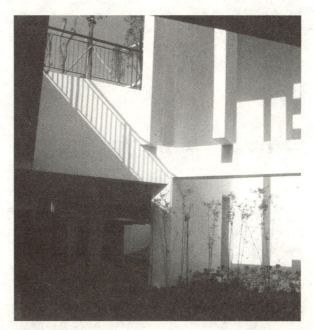

图2-16　自然采光实景图

03

节水技术：全面应用雨水回收系统

针对深圳多雨的气候，万科总部还采用了渗水铺装路面加强雨水渗透，种植各类树种。在整个项目中，万科还采用了全面的雨水回收系统，将屋面和露天雨水收集处理，并蓄积在水景池内，利用于绿化和补充观景水池水量。此外，它还将生产和日常办公中的中水、污水，通过人工湿地进行生物降解处理，以循环利用于整个大楼植物的灌溉以及清洗用途。

通过全面的雨水回收系统，加上人工湿地的生物降解，项目每日可处理100t中水和污水，节约用水50%，完全解决了本地灌溉、景观用水以及清洗等其他用途，大大减轻了市政用水的负担。

04

光电节能：应用建筑光伏电系统

图2-17　太阳能应用实景

耗资1000多万元的"屋顶阳伞"——建筑光伏电系统，形成了独特的遮阳屋顶景观，不但美化了建筑形象，同时可年发电30万度，降低14%的总体能耗。屋顶的除湿、冷却系统，以及泳池热水、大厦浴洗热水，都来自于太阳能（图2-17）。

魅力低碳巨筑：万科中心　第二节

05

隔热节能：自可转动式悬挂立面外遮阳系统

自可转动式悬挂立面外遮阳系统，可根据太阳高度角以及室内的照度，0～90°范围内自动调节水平遮阳板，还能降低能耗，确保景观效果，是全国大型办公楼宇的首例，见图2-18。

太阳能板下种植植被，更使得绿化率超过100%——也就是说，比不建房子全铺上草坪的绿化面积都大。

由于广泛采用日光照明，辅以高效率的照明灯、感应灯、工作灯，加上蓄冰空调技术、地板送风系统、新风热回收技术、CO_2监测系统等高效节能系统的运用，项目能耗控制在极低的水平。

图2-18　外遮阳应用实景

06

室内节水：采取了先进的节水器具和节水方法

在建筑内部，采取了目前先进的节水器具及节水方法进行节水，如采用低流量厕具、无水小便器、配合自动控制系统的低流量水龙头及低流量

低碳地产先锋　47

万科以住宅产业化引领低碳地产潮流

的淋浴喷头等,节水率30%以上,仅此一项,年节水量达1500t以上。

作为深圳市第一批建筑节能及绿色建筑示范项目,万科中心所承担的已经远不止是办公和商业的功用。这座耗时长达三年的建筑物,虽被上海普惠飞机发动机维修公司抢去了"中国第一个获得LEED认证铂金奖"的殊荣,但已获得业内一致看好。万科中心的预测分数已经超过铂金级得分2分,作为一个体量庞大、功用复杂的商业综合体,比普惠约2.5万m^2的工业建筑难度更高,因而更具备示范效应和产业意义。

万科中心的建造中,对于钢材、玻璃、地毯、竹等速生、可再生材料应用率达23%,而且尽量使用方圆500英里以内的本地材料。但是,在这个庞大的建筑物里面,却没有中国品牌的陶瓷。

由于节能的要求,万科在地板、内墙、外墙上都没有运用陶瓷。当然,马桶等洁具是必不可少的,但出于节水的要求,万科最终还是选择了国外的品牌。

| 什么是LEED低碳标准? | 搜索 |

低碳智库

LEED(Leadership in Energy and Environmental Design)是一个评价绿色建筑的工具。宗旨是:在设计中有效地减少环境和住户的负面影响。目的是:规范一个完整、准确的绿色建筑概念,防止建筑的滥绿色化。LEED由美国绿色建筑协会建立并于2003年开始推行,在美国部分州和一些国家已被列为法定强制标准。

LEED根据每个方面的指标打分:1.可持续的场地规划;2.保护和节约水资源;3.高效的能源利用和可更新能源的利用;4.材料和资源问题;5.室内环境质量。总得分是69分,分四个认证等级:认证级26~32分;银级33~38分;金级39~51分;铂金级52分以上。

第三节 万科低碳地产典型项目：上海朗润园

万科上海朗润园围绕"节地、节能、节水、节材和环保"，集成应用了包括雨水收集利用、透水路面、中水回用、住宅工厂化、全装修等近26项技术，成为上海建成的技术集成度高、资源能源节约显著的住宅项目之一（图2-19）。

图2-19 上海朗润园生态体系

第二章 Chapter two
万科以住宅产业化引领低碳地产潮流

规划节能：最大限度利用原生态自然资源

万科朗润园是上海第一个生态小区，综合了外墙保温、屋顶绿化、自平衡式通风系统、太阳能集中供热系统等，从节地、节能、节水和节材四方面出发：

1. 整体布局上注重自然融合

充分利用天然环境资源，注重自然环境与人文环境的融合。

2. 注重原有生态林木保留

朗润园社区保留着开盘前期原场地的乔木数十棵，主要种类以香樟及水杉为主。绿地面积4862m^2的河滨公园是城市花园华莘港沿岸河滨公园的延伸，沿河宽22m，长221m。

3. 注重原有水面保留

朗润园社区内4600m^2原有水面的保留，区内杨夏滨改造后位于小区东部中央，成为内部水景。

图2-20 朗润园社区局部实景

图2-21 朗润园社区一角

技术节能：采用多种节能技术实现建筑节能

万科在朗润园的低碳设计上，采用了多种节能技术措施，实现了社区建筑的节能。

1. 采用欧文斯科宁的外墙系统

2.5cm欧文斯科宁的XPS外保温系统相当于4cm的EPS保温板，外饰面采用面砖及涂料，整个项目外保温面积约为9万m²左右（图2-22）。节点处理：阳台、雨罩、女儿墙和屋顶装饰造型等。

2. 采用隔热外窗

全区采用了表面阳级氧化处理的铝合金型材+双层中空玻璃（图2-23）；建筑南立面的门窗设定为断热铝合金型+Low-E玻璃；经检测，气密性及水密性达到5级，抗风压达到3级。

3. 运用大面积屋顶绿化和垂直绿化

（1）全屋面佛甲草屋顶绿化（图2-24），总面积约15000m²左右；室外35℃的高温下，室内温度约可降低2℃左右。

图2-22　欧文斯科宁的外墙挂板

图2-23　隔热外窗

图2-24　屋顶绿化应用

图2-25　垂直绿化应用

(2)垂直绿化,阳光西晒时,绿化覆盖的墙面比无覆盖墙面的温度低13~15℃,见图2-25。

节水应用:采用多种节水技术

万科在朗润园的低碳设计上,采用了多种节水技术措施,实现了社区节水。

1. 节水器具

3L/6L两挡节水型虹吸式排水坐便器阀(图2-26)。

2. 雨水回收系统

收集屋顶、露台雨水,植草砖、渗透砖收集的地表径流水,经雨水处理机房处理后作为绿化用水、小区杂用水做景观补水(图2-27)。

图2-26 节水型虹吸式排水设备

图2-27 雨水收集应用

3. 中水收集回收利用

收集单身公寓生活废水中水收集利用，经中水处理机房处理后作为小区杂用水。

社区内中水收集回收利用的重要意义：

首先，比远距离引水造价低。由于小区中水回用处理装置安装在小区内，减少了输水管线的基建投资和运行费用，将污水处理到杂用水程度，其基建投资只相当于从30km外引水，若处理到可回用作较高要求的工艺用水，其基建投资相当于从40~60km外引水。

其次，比海水淡化经济。由于小区生活污水污染物浓度较低(小于0.1%)，可生化性较好，处理难度较小，而且可用深度处理方法加以去除。因此，当生活污水的排水作为中水水源时，主要污染物的浓度指标COD、BOD_5、SS、NH_3-N可满足处理技术要求。而海水则含有3.5%的溶解盐和大量有机物，其杂质含量为污水二级处理出水的35倍以上，因此无论基建费或单位成本，海水淡化都超过污水回用。

小区污水回用开辟了第二水源，降低了小区新鲜水取用量，经处理后的污水回用于小区，减少了污水的排放量，减轻了受纳水体的污染，也减少了治理环境污染的投资。所以污水回用既节约了水资源，也消除了环境污染，具有多重效益。

节材应用：采用多种节材技术

万科在朗润园的低碳设计上，采用了多种节材技术措施，实现了社区建筑的节材。

1. 采用了精装修，减少了浪费和污染

朗润园项目启动万科"全面家居解决方案"，全部全装修交房实现设计、监理、施工、装修一体化管理，减少了因二次装修造成的破坏及材料浪费（图2-28）。

2. 实现了废弃建材回收利用

朗润园项目立足生态理念，将原场地拆迁剩余的约40万余片旧砖瓦回用小区的景观中去：如建筑外墙收边、园路等，如图2-29所示。

3. 实现了产业化

朗润园基本上实现了工厂化、部品化生产，现场组织安装，通过工业化方式生产住宅，提高了建设效率，降低成本（图2-30）。

图2-28 万科城朗润园的精装修房

图2-29 万科朗润园利用回收旧砖瓦筑成的小路

图2-30 万科朗润园的施工现场

万科低碳地产典型项目：上海朗润园 第三节

环保应用：采用多项环保技术

万科在朗润园的低碳设计上，采用了多种环保技术措施，实现了社区的环保。

1. 应用了太阳能照明

朗润园在区内步行环道北路段绿地采用太阳能草坪灯（图2-31），小区公共中心广场设置太阳能时钟。

图2-31　太阳能草坪灯

2. 应用了太阳能热水系统

全部单身公寓设计采用太阳能热水系统（图2-32），集中水箱储热，补充热源为辅助电加热，保证源源不断供应热水。

图2-32　太阳能热水系统

3. 应用了垃圾生化处理系统

对于厨房产生的有机垃圾，采用2台200kg有机垃圾处理机（图2-33）经降解处理，有机垃圾残存量可减至5%以下，从源头有效减少城市垃圾的清运量实现垃圾资源化、无害化。

图2-33　垃圾生化处理设备

第四节 低碳社区开发实践：深圳万科城四期

为响应政府提出的建设循环经济社会、大力发展绿色建筑的号召，从2005年7月开始，万科深圳公司结合万科城四期设计、采购、施工、营销的进程进行了持续的绿色建筑研发及实践。

万科城四期先后参与了"国家十大重点节能工程绿色建筑综合示范项目"、"中荷可持续示范项目"、"建设部绿色建筑三星级设计标识"的评审，并依据专家的评审意见及系统的标准体系不断完善。

深圳万科城项目占地面积51.16万m^2，建筑面积约54.5万m^2，总计4000余户，项目分四期开发；万科城四期占地面积约9.6万m^2，包括高层及低层住宅、小区配套设施和幼儿园，建筑面积约12.6万m^2，如图2-34所示。

图2-34　深圳万科城四期实景

第四节 低碳社区开发实践：深圳万科城四期

万科城四期低碳实践历经六个阶段

总体上来看，深圳万科城四期在实践低碳过程中，经历了六个阶段，取得了比较明显的效果，见表2-2。

深圳万科城四期低碳实践进程	表2-2
时间	低碳实践进展情况
2005年8月	万科深圳公司组织荷兰专家、中国专家进行万科城四期TOR研讨，通过共同分析项目内外环境、深圳地区自然条件、万科过往绿色建筑技术应用及绿色住区项目实践的成果、国外绿色建筑发展、万科城四期的营销定位等，探讨万科城四期绿色住区的目标、指标及可行的技术措施；明确了万科城四期研发重点与实践的方向
2005年11月	与《绿色建筑评价标准》主编单位——中国建科院联合对万科城四期按照《绿色建筑评价标准》（草案）进行了试评估；试评估的结果显示深圳万科城四期基本可满足绿色建筑三星级要求
2005年12月	深圳万科城项目参加建设部组织的国家十大节能工程评审并作为优秀项目代表向建设部汇报；2006年4月，万科城四期通过国家发改委"国家十大重点节能工程"评审，成为建筑领域3个示范项目之一，并且是唯一的"绿色建筑综合示范项目"
2007年8月	万科城四期品质生活体验馆开放，将绿色建筑技术通过实物、模型、构造、展板等向客户展示
2007年底	作为万科在绿色建筑研发与实践的前沿探索，零能耗实验住宅在万科城四期内开始建设
2008年12月	万科城四期申请绿色建筑三星级设计标识；2009年2月，万科城四期通过建设部组织的专家评审

低碳地产先锋 | 57

万科以住宅产业化引领低碳地产潮流

因地制宜地实践低碳社区开发

深圳万科城四期绿色住区的研发与实践始终将关注客户需求、地域特点、自身的绿色建筑实践经历及技术能力与国内外领先的绿色理念及绿色建筑技术、相关绿色建筑评价标准的发展相结合,本着"因地制宜"的原则,在绿色建筑评价体系的节地、节能、节水、节材、室内环境质量及运营管理六个层面展开,取得了一些在华南地区具有创新性的技术成果:

1. 不同建筑类型的围护结构节能60%

通过分析高层住宅及低层住宅外墙钢筋混凝土与加气混凝土砌块的比例对节能的影响,采用了多种方式实现住宅节能60%及以上:高层住宅采用加气混凝土砌块填充墙及内墙无机保温砂浆;低层住宅采用加气混凝土砌块自保温,外窗使用铝合金可调百叶遮阳;同时,控制窗墙面积比,采用Low-E玻璃等措施。

2. 夏热冬暖地区实用的自然通风设计及其对节能的贡献率探索

通过自然通风模拟分析,优化小区规划及户型设计;将窗的可开启扇占房间地面面积比例保持在10%以上,高于夏热冬暖地区节能设计相关标准8%的要求,虽然会增加建设成本,但是利于室内自然通风。

根据夏热冬暖地区气候特点，尝试将自然通风与节能贡献率结合起来，运用自然通风节能贡献率的计算研发成果模拟分析万科城四期（图2-35）自然通风节能贡献率；模拟结果显示万科城四期的自然通风节能贡献率达到10%以上。

图2-35　深圳万科城四期实景

3. 遮阳与建筑一体化设计

万科城四期遮阳实施面临三大挑战：

（1）国内的外遮阳产品比较单一，如何选择？

（2）外遮阳装置如何融入项目低层住宅的西班牙风格？

（3）外遮阳装置如何适应深圳的气候条件，抵御较大风力？

经过长达一年的研发，从技术层面，采用铝合金可调百叶外遮阳，遮阳百叶角度可根据需求进行调整，对房间节能、客户对于光线的自主调节、自然通风、室内舒适度、私密性方面起到良好的效果；从设计层面，外遮阳装置与建筑一体化设计：对于低层住宅，结合西班牙风格及户型设计，开发了平开可调百叶遮阳、平开折叠可调百叶遮阳、推拉折叠可调百叶遮阳、阳台门滑动折叠可调百叶遮阳、上旋可调百叶遮阳窗、固定可调百叶遮阳等多种遮阳形式；对于高层住宅，将遮阳装置设计在阳台栏板内侧，虽然从外观效果上略逊于设计在栏板外侧，但大大提升了安全性。

4. 内墙无机保温砂浆在夏热冬暖地区的规模应用

万科与厂家共同对于无机保温砂浆的导热系数、收缩率、耐水强度等性能进行论证并实地做样板进行验证，形成了可操作的综合隔热技术实施方案。

5. 营建生态水环境

利用万科城四期宗地的天然冲沟分别形成生态水渠及旱溪（图2-36），收集住宅屋面及庭院、绿地的干净雨水；生态水渠需达到地表四类水质；一期水景及四期生态水渠补水、绿化浇灌、道路喷洒、车库及垃圾房冲洗采用中水，中水利用率达到35%以上。

万科城四期雨水利用将雨水收集、渗透及直接利用有机结合起来，收集高层平屋面、低层坡屋面及绿地的干净雨水进入生态水渠及旱溪，通过人工湿地收集到的雨水进入生态水渠；在旱溪最低处设置蓄水池，作为晴天的绿化浇灌，道路冲洗等用水。雨水渗透通过采用渗水路面、室外停车位的植草砖、较高的绿地率等措施来实现。

生态水渠通过人工湿地进行循环、处理，始终保障地表四类水质标准。中水工艺采用生物接触氧化法及高效垂直流人工湿地水质净化技术，保障用水安全。

6. 土建与装修一体化设计施工

图2-36　万科城四期社区内实景

万科城四期为业主提供全面家居解决方案：考虑厨、卫、露台的水电定位；空调、燃气表、热水器、洗衣机的安装位置；卧室厅房的开关插座位置、数量以及家政空间（收纳、晾晒、清洁洗涤）的方便、实用、美观。

建筑设计方案阶段，万科室内设计专业人员即参与户型评审；建筑设计扩初阶段，万科安排外部专业的室内设计公司配合提供精装修方案，并就精装修与土建的相关联节点与建筑设计单位进行多轮沟通，最终由室内设计公司提供满足精装修设计要求的水电定位条件图和室内砌体定位条件图给建筑设计院，反映到最终的施工图，交由土建施工单位进行施工。所有管线、洞口都预埋预留完成，精装修施工单位进场后，基本不需要对管线洞口作大的调整即可开展室内装饰部分的施工。

7. 开设以绿色为主题的品质体验馆

2005年万科城四期设计绿色建筑技术方案时，营销人员就参与进来，站在客户的角度提出建议。

2007年项目销售时，开设了以绿色为主题的品质体验馆向客户开放，将万科城4期进行应用的绿色建筑技术，诸如：生态水环境、遮阳、太阳能热水系统、隔声楼板、智能化系统等，向社会展示，起到宣传、教育的作用。

8. 建立零能耗实验住宅实验室

万科城四期零能耗实验住宅位于万科城四期内，建筑面积约400m²，地上2层，地下1层。

低碳环保

重庆在全国率先规模化推广淡水源热泵建筑应用技术，俗称"水空调"，在可再生能源建筑应用和建筑节能上，走出了一条具有重庆特色的路子。

图2-37 万科城四期局部实景

图2-38 万科城四期局部实景

万科城四期绿色（图2-37、图2-38）住区需要面向市场，需要综合考虑项目进度、成本及技术成熟度等因素；零能耗实验楼将面向未来住宅的发展，基于万科城四期绿色住区实践进行拔高，向国际高水准的绿色住宅看齐；致力于探索夏热冬暖地区的超级节能乃至不耗电、环境友好、智能化及体验式住宅的实现。

零能耗实验住宅在围护结构、可再生能源、自然通风、除湿、遮阳、中水利用、种植屋面及垂直绿化、室内环境质量等方面进行了多种可行性的深入研发。

建成后的零能耗实验住宅将成为一个展示、体验、实验的平台，用以了解客户的实际感受及需求，并为万科的绿色建筑大规模实践积累技术储备。

深圳万科城四期实现了"四节"

位于深圳的万科城四期，是万科和英国零能耗工厂携手打造的中国首个零能源消耗、零碳排放的智能化住宅。以节能、经济为核心，万科因地制宜，整合多种节能技术，打造了极具推广价值的绿色住宅。万科城四期的节能技术主要包括节地、节能、节水、节材四个方面（图2-39）：

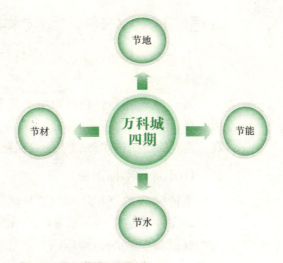

图2-39 万科城四期的节能技术

1. 通过规划设计和增加绿化覆盖两个措施实现节地

节地主要包括节约土地资源的规划设计以及增加绿化率改善室外环境等措施。

（1）通过规划设计节地

根据户型面积的不同层层退台，给每户提供私家花园和绿化平台，并结合地势特点，设置私家停车库和半地下储藏室。针对高层建筑，在地下一层设置有地下停车库。

（2）通过增加绿化覆盖节地

根据有关的测量及理论分析，绿化每增加10%，气温可降低2.6%（夜间2.8%）。在深圳平均气温22.5℃的条件下，当万科城四期住区的绿化覆盖率不低于30%时，小区的温度可降低1.75℃，可以满足住区室外日平均热岛强度不高于1.5℃的要求，同时通过绿化为道路提供遮荫、人行路面采用渗水路面、室外停车场地采用植草砖、规划人工湖等措施进一步减少因开发带来的热岛强度的影响。

2. 通过围护、外墙等构造技术实现节能

节能主要包括围护、外墙等构造方面应用的节能技术。

万科城四期项目建设中突出了节能与能源利用，经过研究确定了节能65%，和可再生能源占建筑总能耗的比例达到5%以上的目标和指标。

（1）应用节能围护

节能60%的围护结构主要从两个方面实现：首先，在外墙施工中非承重墙采用200mm厚的蒸压加气混凝土砌块，墙体内外各抹20mm厚防水砂浆，外墙平均传热系数$K=1.51W/(m^2·K)$；高层住宅外墙非承重墙采用200mm厚的蒸压加气混凝土砌块，同时所有的外墙采用25mm厚EPS外墙内保温措施，外墙平均传热系数$K=1.08W/(m^2·K)$。其次在屋面施工中采用25mm厚的XPS板作为隔热层，主体为100mm的钢筋混凝土，屋面传热系数为$0.91W/(m^2·K)$。

（2）应用节能外窗

所有的外窗都采用遮阳系数为0.53的铝合金Low-E中空玻璃窗（或者Sun-E单层玻璃窗）。同时东、西向的外窗设置可调百叶；高层住宅所有外窗都采用遮阳系数为0.53的铝合金Low-E中空玻璃窗（或者Sun-E单层玻璃窗）。

3. 通过排水系统、节水器具等节水技术实现节水

节水主要包括排水系统技术、节水器具的使

低碳环保

新加坡的住宅设计注重自然通风和采光。一般在设计时避免正南正北的朝向，根据地域可偏东或偏西，否则总有一面的能耗会很大，不利于节能。

用、水资源的回收利用等。

(1) 应用分质排水与处理回用技术

选用优质杂排水(包括沐浴排水、盥洗排水、洗衣排水),集中排入小区的中水处理设施通过生物接触氧化法工艺及一级人工湿地水质进化技术处理后用于绿化浇灌、道路喷洒,日产生中水约180m^3,中水回用率达到36%;经过二级人工湿地处理后用于人工湖补水等;其余生活污水进入化粪池后排入城市下水道系统。

(2) 应用雨水收集利用技术系统

小区雨水收集采用雨、污分流系统,通过小区雨水管网收集雨水,通过处理后排入冲沟及人工湖;为万科城提供人工湖的补水、绿化等的用水量需求。通过人行路面采用渗水路面、室外停车场地采用植草砖的构造做法进行雨水渗透,达到小区保水、降低小区热岛强度,改善局部微环境。

(3) 利用人工湖与地表水质循环的技术

利用地形并与冲沟结合,在项目四期规划人工湖4000m^2,平均水深1.0m;规划设置人工湿地(高效垂直流人工湿地水质净化技术在万科经过大量实践,对于水质保障有较好的效果)与人工湖水体进行联系,一方面水体能够形成循环,另一方面通过人工湿地进行水体的不断净化,达到节水以及水质保障的目的。

4. 通过使用环保建材、新型墙体材料等措施节材

节材主要包括环保建材、新型墙体材料的使用以及就地取材等。

(1) 使用环保建材

建筑材料和装修材料的选用应符合规范的要求,并要求供方提供由国家认定的有资质检测机构出具的产品环境指标检验报告;同时注意控制建材污染物总释放量,以确保室内环境污染物浓度检测时达到规范的要求,必要时作样板间验证。

(2) 应用新型墙体材料

墙体材料采用加气混凝土砌块,高层住宅墙体采用加气混凝土砌块及EPS板内保温;同时针对深圳地处夏热冬暖地区的气候特点,节能设计中重点考虑窗的遮阳,采取Low-E玻璃以及东西向的可调百叶铝合金窗,有效满足不同建筑类型的节能设计要求。部分现浇楼板、梁、柱的受力钢筋采用新三级钢,减少钢筋的应用量,减少资源的占用。

(3) 实行就地取材策略

综合考虑就地取材、减少对现场的噪声影响、克服现场搅拌的扬尘,采用商品混凝土;主要建筑材料如加气混凝土砌块、砂、石、门窗等就近采购,高效利用当地的资源,同时也能够减少对环境的影响。

03 低碳解码

深圳万科城四期的低碳效果

万科城四期将节能减排放在首位,取得了极为可观的社会效益。一是在节能方面:节电量163万kWh/年(节电量折合标煤约为200t标准煤/年);减排二氧化碳532t/年;减排二氧化硫1.22t/年。二是在节水方面:每年节约用水18万t,其中利用非传统水源12.3万t,使用节水器具节约生活用水5.7万t,中水回用率达到38%;同时每年可以减少13万t的污水排放量、减少排放污染物COD约26t、SS约19.5t。雨水利用量占总用水量的20%,占雨水总量的40%。

招商地产低碳发展模式

招商地产在25年的开发历程中，一直坚持低碳发展模式，这也与国际上提出的低碳发展的理念相一致。招商地产的低碳建筑涉及范围非常广，不同的建筑在节能方面有不同的侧重点。招商地产开发的建筑囊括了写字楼、酒店、住宅及工业园区各种形态，根据不同的建筑特性采取了不同的节能技术，此外还要根据建筑所处的地理位置因地制宜。

第一节 招商地产低碳地产发展理念

> 随着国际间低碳经济发展的理念不断深入人心,中国经济走向循环经济的发展模式,绿色地产开发和绿色建筑建设的实践也将越来越多地深入和广泛。绿色低产是持续发展理念在企业文化中的体现。在今天,可持续发展的理念已溶入招商人的血脉;在走向全国的新阶段,招商人将进一步拓展"绿色地产",并将之视为永恒的信念与使命。

认为国内低碳地产还处于探索阶段

企业做绿色建筑,招商地产认为是比较艰苦的,主要是整个绿色产业链不成熟,招商地产对许多厂家提供的绿色产品和技术还处于鉴别真伪的过程。招商地产筛选厂家产品,需要对方提供国家给予的绿色产品资质证明,还要有具体的项目应用说明。最后,招商地产还会进一步和使用此技术的项目方去了解使用前后的具体感受。

绿色产品和绿色技术选择覆盖面非常广,欧美国家在某些单项绿色节能技术突出,但整体都比较成熟的也并不多见,所以整个行业还处于探索阶段。

02

将低碳地产开发实战经验推广到既有建筑改造领域

图3-1　南海意库规划鸟瞰图

招商地产全称招商局地产控股股份有限公司，成立于1984年，是国家一级房地产综合开发公司和中国最早的专业房地产开发企业之一。而招商局集团是国家驻港大型企业集团，是中国民族工商业的先驱。深厚的历史背景成就了招商地产与众不同的企业气质，成立伊始就承担蛇口建设和住房制度改革的重任。

图3-2　南海意库3号楼外观

因此，招商地产的绿色地产之路始于对既有建筑的改造与再利用。

1. 首次试水将低碳经验应用于南海意库三号厂房改造项目中

每个到过深圳蛇口兴华路的人都会看到三座长满了花草的房子，其中之一就是招商地产的办公大楼——南海意库3号楼。它不仅楼顶有绿色的草木，大楼的外部墙壁上也有成块的草皮，成为一道独特的风景线，见图3-1～图3-3。

南海意库3号楼改造后的绿色建筑成本增量为800多万元人民币，整个建筑成本为5600元/m²。预计5年以后就可以全部收回成本。

第三章 招商地产低碳发展模式

图3-3 招商地产南海意库3号楼外立面

2008年，招商地产把绿色实践推广到既有建筑改造的领域，蛇口南海意库3号厂房改造项目是其中的重头戏。招商地产采用适宜的节能环保技术，对20世纪80年代建设的老厂房进行改造，使其成为节能率65%的绿色甲级写字楼。其单位平方米年能耗指标为60度，每年可以节电240万度。还采用大量节水技术，每年可以节水10000吨。招商地产还对商业建筑进行能耗检测，提出合理的能耗优化方案。既有建筑的量远大于新建建筑，因此，对既有建筑进行绿色改造是一个挑战，也是一个机遇。

链接

南海意库3号楼历史背景

南海意库3号楼的前身是1980年建设的蛇口日资三洋厂房。其背景是，深圳特区成立至今已经历了几次重大的产业结构调整，成功的转型为蛇口的发展带来了新的生机，但也留下了约80万m² 20世纪80年代初建设的工业厂区。在这种转型下，在土地资源稀缺、房价高涨的市场环境下，拆除重建，可以为企业带来很高的商业利润。然而，数十万平方米、仅仅使用了二十年的厂房就需要在这种转型中被拆掉，不仅仅是对环境的破坏，更是对资源的浪费。

2. 南海意库3号楼低碳改造使用的主要节能技术多达二十多项

南海意库3号楼的改造工程采用了温湿度独立控制空调、太阳能光伏电池、地源热泵系统、太阳能拔风烟囱、人工湿地、外围的Low-E中空玻璃、节能电梯、建筑遮阳包括水井的遮阳、中庭自然采光等林林总总的绿色建筑技术多达十二大项（图3-4）。

图3-4 南海意库3号楼局部景观

除绿色建筑技术的运用外，改造中还对包括高效节水用具、反射性节能光盘、无尘免冲洗地面等设施和技术进行综合应用。概括起来，经过各项改造措施，每年可节电240万~260万度，折合每年可以节省标煤1000t、电煤约4000t，每年可以减排二氧化碳超过1.3万t，每年节水8000余立方米。

此外，项目中采用的由清华大学的院士发明的温湿度独立控制空调，比一般的空调效率要高30%，外面的湿度是80g/m³，室内可能只有63g/m³左右。这种空调每年每平方米耗电40多度，传统空调每年每平方米耗电为80~90度，而最新的做得比较好的空调，也只能做到每年每平方米耗电60多度。

3. 南海意库3号楼获绿色生态金奖，现实示范指导意义重大

南海意库3号楼达到综合节能65%的目标，获得精瑞绿色生态建筑金奖。

既有建筑的改造与再利用，在中国具有巨大的节能减排效益，招商地产在废旧厂房的绿色建筑改造方面进行了有益的探索。招商地产通过自有物业节能改造，增加招商地产的租赁收益，为招商地产其他类似物业的节能改造提供可供借鉴的商业模式。

南海意库3号楼仅仅是整个深圳及珠三角地区的一个缩影。仅深圳特区内，面临改造的厂房就有约500多万平方米，深圳全市的类似厂房面积

就达2500万m²之多。在珠三角地区,面临改造的工业厂房也在数亿平方米之众。

经济高速发展、城市快速扩大的南方地区,大量的既有建筑就要面对重建、改造的选择,既向世人展现了改革开放的速度,也流露出快速发展背后的尴尬。如果工业厂房能够成功改造成适应新功能的写字楼,且可以达到绿色建筑的节能标准,这就能给南方地区乃至全国的旧厂房改造提供示范性的案例。

4. 在既有物业低碳改造中积极与国际机构合作

2009年,招商地产在既有物业的节能改造中积极与克林顿基金会等国际机构合作,通过低息融资和节能量担保等既有建筑节能改造方式,与国际级的江森自控、西门子、霍尼韦尔、开立和特灵等公司合作,对招商地产的四个自有物业进行节能改造,总投资约470万元,年总节约量约150万元,投资回收期4年左右。

以开发综合社区模式引导低碳地产

广州金山谷项目为什么能获得联合国HBA"人居最佳范例奖"?

招商地产2009年7月获奖时,联合国人居署政策和战略计划办公室执行主任说:"招商地产这次之所以能获奖,主要是其创造了一种新的绿色地产开发模式,并提供本地就业机会,将企业使命与可持续发展相结合来实现社会责任。"

招商地产的低碳开发主要走综合社区的开发模式。招商地产整合绿

低碳微博

"低碳"经济时代的到来也掀起房地产业的改革,节能、环保房子成为时尚和趋势。不久后人们见面会问:"您住的是低碳房吗?"。

色的产品和技术,最终用在招商地产的建筑上,做成绿色的消费品。所以招商地产的工作重点是整合绿色产业链,引导消费者、厂家向绿色的方向走。

下面以广州金山谷项目为例介绍招商地产的这种低碳开发模式。

1. 规划了创意产业园,实现了四个"走路"

广州金山谷中规划了创意产业园,来吸引创意产业的众多中小企业进驻。这样除了可以创造和提升本地就业机会,还可以实现四个"走路"——走路上班、走路上学、走路购物、走路休闲。这有助于减少交通量,也就相应的减少了碳排放量,测算的结果可以减少30%。

有资料显示,全球变暖与碳排放直接相关,而碳排放量最大的来源是发电,其次是工业和交通,交通减排在金山谷项目中有直接体现。此外,走路上班、上学、购物也打造了一个宜居的环境,对商业环境的塑造也非常有好处。

也就是说金山谷项目延续了招商地产的开发模式——综合社区开发,实现产业与居住互动。这也是招商地产建设蛇口的概念——先做产业,然后为产业建设配套设施。比如,创意产业园提供就业岗位,而金山谷则提供一个理想的人居环境。

2. 建筑本体实现了低碳开发

金山谷项目的另一个特点是建筑本体的节能。国家对建筑要求达到的节能率是50%,招商地产做到的节能率是65%。比如太阳能热水的规模化利用——所有的低密度的住宅全部送太阳能热水器,包括毛坯房都送。金山谷四期还送给业主绿色空调、节水马桶、绿色节能灯。绿色空调能达到1~2级的能效比,节水马桶比普通马桶节约一半用水。小区内的路灯以及房间内的照明也都会使用节能灯泡。一般40W的白炽灯可用1000h,而8W的节能灯可用10000h。

04

培养绿色生活方式是低碳地产更重要的

除了综合社区开发的商业模式以外，招商地产强调低碳地产的开发，要坚持"适用、经济、美观"的原则，并且，招商地产认为，低碳地产更重要的是培养客户的绿色生活方式。

1. 低碳开发关键词是"适用、经济、美观"

绿色地产的关键词是"适用、经济、美观"，立足点是因地制宜，用比较经济的方法达到节能减排的目的。做绿色地产，招商地产的方法是选择成熟的绿色节能技术和绿色产品，将它们集成在开发的建筑里，最终达到节能减排的效果。这不仅体现在对自然生态的尊重，对老建筑的再生利用以及生态庭院的营造，更体现在由可持续发展的材料、能源、设备乃至植被等构成的绿色生态技术体系。

2. 培养绿色生活方式是更重要的

绿色生活方式很重要，比如办公室空调设置为26℃，采用节能灯，降低照明系统和空调系统的能耗等。实现绿色节能，打造绿色建筑是第一步，培养人们的绿色生活方式是更重要的一步。

以做好成本预算有效控制低碳地产开发成本

绿色建筑比一般建筑造价高,招商地产又是如何平衡成本与发展关系的呢?

1. 招商地产的低碳建筑可以在4~5年内收回溢价成本

可以简单地划一个图来说明招商地产对绿色建筑的理解。两条曲线,一条是时间曲线,一条是投入累加费用曲线。一座传统建筑三年建造好,后面的投入累加费用会随着使用年限的增长而不断增长。而绿色建筑在开始建造的时候,成本比一般传统建筑的建造成本高,比如泰格公寓,招商地产把它建造成绿色建筑,投入到绿色技术中的增量资金约为900万人民币,一共是4.3万m^2,等于每平方米造价比传统建筑增加了200元,泰格公寓每年每平方米耗电量是70度,深圳同类建筑每年每平方米平均耗电量是140度。这样泰格公寓每年可以节约200多万度电,按照现在电费的价格,每年节约近200万元,最后得出的成本投入回收期在4~5年。

2. 南海意库、金山谷和蛇口新时代广场成本控制都比较好

招商办公大楼由南海意库3号厂房改建而成,建筑面积2.5万m^2,建成绿色建筑的成本增量为800多万人民币,改造后建成的写字楼为绿色建筑,每年每平方米耗电量为60度,深圳同类甲级写字楼每年每平方米耗电140度左右,一年下来节省耗电200万度,最终成本的回收期在4~5年。

金山谷项目绿色节能增加成本为每年每平方米100元,每平方米可以节电10度左右,个人住宅因为用户用电比较少,所以节能效果没有商业项目那么明显,投入成本的回报期在10年左右。

商业项目蛇口新时代广场，造价成本总计约150万元，绿色改造后每年可以节省60万元的电费，两年半左右就可以收回成本。

现在所有的招商地产的建筑项目绿色改造工程或者建造全新绿色节能建筑，决定做之前都要做预算成本统计、回收期估计；接下来才是对节能技术的选择。

在异地扩张中实践低碳地产

1. 建立广州第一个节能率达到65%的地产项目：金山谷

2009年，广州金山谷项目建成，这是广州市第一个节能率达到65%的房地产项目，而且还建设有广东省房地产项目售楼处中第一个绿色体验区，宣传和推广绿色理念，提倡自然健康的生活方式。深圳地区的招商海月、美伦公寓、观园和澜园等8个项目经过绿色技术指导，已成为深圳市的循环经济示范项目。招商广州金山谷项目、招商深圳海月花园第五期和招商花园城五期是第一批能效识别示范项目。

2. 低碳扩张之二：佛山东平新城

佛山东平新城依云水岸项目拥有佛山公园、湿地公园双公园环抱、东平河活水等优质自然资源，开发产品的时候，招商地产根据东平新城地质特点以及气候特色，进行缜密的设计。招商地产是中国著名的绿色住宅开发企业，一直关注并倡导对建筑节能减排技术的研究与实践，所以，在依云水岸的产品建设中，着力以环保绿色为主题讲社区综合开发，设计中融入"绿色"、"节能"、"环保"等概念进行低碳住宅开发。

第二节 泰格公寓：被誉为华南最"绿"建筑

> 高速发展带来的难题在于不能重复西方在发展方面所犯的错误，其方法就是利用现有的绿色建筑技术发展更健康的亚洲城市。泰格公寓就是一个成功的案例。

2007年的11月20日，《参考消息》转载了美国《新闻周刊》的报道，题目是"中国绿色建筑发展令人鼓舞"，这篇文章以招商地产的泰格公寓作为例子，说明了绿色建筑在亚洲等国家高速发展的新成就。文章认为，亚洲极快的经济增长和该地区仍然极大的农村人口使它成为21世纪城市化的中心。

泰格公寓年能耗约60度/m^2，仅为深圳市同类建筑的1/2，每年可以节电上百万度，总体节能率为63.7%，为节能而增加的成本近千万元，约为建筑成本的6%，六年即可收回为节能而增加的投入。这个结果对绿色建筑的推广是有极大推进作用的，因为招商地产跨越了技术门槛，已经把经济、社会和环境效益有机地结合在一起了。

第三章 招商地产低碳发展模式

获得殊荣，低碳效果明显

泰格公寓作为招商地产的第一个绿色建筑，从绿色建筑的评估体系开始，系统地应用绿色技术（图3-5、图3-6），并以全寿命周期成本作为绿色技术采用的衡量标准，在建筑的使用上，一直采用持续优化系统的、持续降低建筑的使用能耗和水耗等，并将其作为绿色建筑的示范项目，对原有技术使用经验进行总结和反复论证，已进行新技术推广。

1. 获得美国绿色建筑委员会LEED认证银奖

由招商局地产控股股份有限公司开发的招商·泰格公寓，位于蛇口，已通过美国绿色建筑委员会LEED认证，并获得银奖，被誉为华南地区最"绿"的建筑，这也是中国第一个获得LEED认证的房地产项目，招商地产因此荣获了美国绿色建筑委员会颁发的卓越贡献奖。

美国自然资源保护委员会国际项目主任罗伯特·瓦特指出，泰格公寓被称为绿色建筑，这是一个真正的荣誉，招商地产是能够拿到LEED授牌的第一个非官方单位。

图3-5 泰格公寓的"绿色城墙"

图3-6 泰格公寓的"绿色屋顶"

2. 成功应用多项低碳技术，低碳效果明显

（1）节能率高

公寓是高档涉外服务式公寓，服务标准较高，能耗较高，采用了多项建筑节能措施、技术和产品，包括建筑固定遮阳、Low-E中空玻璃、加气混凝土块、变频技术、中心空调能量分户计费系统、计算机能耗模仿、建筑小区热岛效应模拟、建筑小区风环境模拟、出挑花池结合绿色藤蔓、屋顶遮阳飘架、空气源热泵热水器、节能感应灯、太阳能灯、外墙浅色涂料、固定遮阳百叶、节能电梯、屋顶绿化技术等，使其达到绿色、节能、环保的高舒适、低消耗、低污染物排放要求（图3-7、图3-8）。

图3-7　泰格公寓屋顶的空气源热泵

图3-8　泰格公寓采用的建筑风洞

（2）环境效益好，碳排放量低

从环境效益来看，泰格公寓的年能耗约为60度/m^2，仅为深圳市同类建筑的1/2，每年可节电300万度，全年节约标煤1230吨。同时，在二氧化碳、二氧化硫、烟尘等污染物的减排方面也有显著效果，与国内外同类项目相比，其节能效果达到国际先进水平。

泰格公寓具有九大低碳亮点

节能节水从策划设计阶段就被列为该项目的重点，体现出九大亮点（图3-9）。

图3-9 泰格公寓的九大低碳亮点

(九大低碳亮点)
- 节能率高达67%
- 出挑花池设计既美观又遮阳
- 外墙节能率达到5.6%，外窗节能率达到22.1%
- 屋顶绿化令室内温度降低2℃
- 用节能灯具降低室内的热量
- 采用节水技术分质供水
- 社区内构建了全纯净水系统
- 通过技术措施实现节地
- 加装能耗控制系统

亮点1：节能率高达67%

在获得良好的热工环境的基础上，泰格公寓优化采用了多项建筑节能措施、技术和产品，对项目的节能起到了关键作用，最终实现项目的节能率高达67%，远远超过了"夏热冬暖地区居住建筑节能设计标准"中50%节能率的要求。

亮点2：出挑花池设计既美观又遮阳

南方地区的室内主要得热方式是阳光辐射。为降低建筑耗能，泰格公寓采取了多项建筑遮阳措施，大部分建筑采用出挑花池结合绿色藤蔓，在美观的同时起到遮阳的作用；Town House建筑山墙采用了木百叶遮阳和铝合金百叶；屋顶飘架具有遮阳隔热的作用；高层建筑南面设计了1200mm进深的阳台横向遮阳，在没有阳台的东南、南向增加挑宽750mm的遮阳板。

泰格公寓：被誉为华南最"绿"建筑 第二节

亮点3：外墙节能率达到5.6%，外窗节能率达到22.1%

项目外墙使用浅色涂料，外窗全部采用Low-E中空玻璃，以起到隔热、遮阳、防噪的作用。由于采用了遮阳、外保温和Low-E中空玻璃等构造做法，项目空调系统的冷负荷大大降低，单位空调电功率仅为常规建筑的一半。招商地产在泰格公寓项目上选用的一套中央空调系统，能效比达到了5.6，用了环保冷媒、能量分户计量、冷冻泵变频，还有集中新风系统。

在建筑固定遮阳上，招商地产用的Low-E玻璃和一些遮阳的措施已经使屋顶节能率达到3%，外墙的节能率达到5.6%，而外窗的节能率则能达到22.1%，再加上利用自然通风，整体节能率能达到13.8%。

亮点4：屋顶绿化令室内温度降低2℃

屋顶由于受阳光直射时间较长，会产生入室热量。因此，泰格公寓采用了两种屋顶绿化方式来降低得热：一种是覆土35cm厚，然后种植绿化植物；另一种是采用15cm厚的培植土的佛甲草绿化，具有隔热作用。而实际应用结果也表明，有屋顶绿化的顶层房间节能效果明显，温度比没有屋顶绿化的房间低2℃左右。

亮点5：用节能灯具降低室内的热量

室内光照是建筑室内得热的重要因素，因此在保证照明质量的基础上，降低照明功率可以有效减少室内的得热量。泰格公寓的楼道全部采用感应灯具，室内全部采用节能灯具。公寓每户的门口还设有Master开关，控制室内总的照明电路，外出时，只要关闭总开关，照明电路就全部关闭，既方便又有利于节能。比如F、G栋采用节能灯具后，折合每平方米照明负荷为3.9W，而一般同类的酒店式公寓的每平方米照明负荷为20W。泰格公寓对太阳能光电的利用也非常充分，公寓中的96盏地脚灯

低碳地产先锋

由200W的太阳能电池板供电，此外还安装了17盏太阳能草坪灯和10盏太阳能庭院灯。

亮点6：采用节水技术分质供水

按照高质高用、低质低用的用水原则，泰格公寓进行多目标梯级利用，分质供水。项目采用了直饮水、分质供水、人工湿地、节水器具等多种节水技术。其中，室内所有与人接触的用水都是直饮水，这也是项目的一个亮点。

亮点7：社区内构建了全纯净水系统

在泰格公寓这个项目上，招商地产将所有跟人体接触的水都做成纯净水，任何一个水龙头流出来的水都是可以喝的，也就是说，整个小区建设了全纯净水系统。招商地产还用系统监控纯净水制造的过程，回水又拿来冲厕所和浇花等，也不浪费。大家每天接触水，但是可能不知道水的有害成分从哪里来，美国一个很著名的报告指出，实际上从口中喝下去的水只占到1/3，还有2/3是从皮肤吸收的，瓶装水以及所谓的直饮水系统，仅仅解决了1/3有害水的问题。

亮点8：通过技术措施实现节地

在节地方面，有无机房、小机房电梯，还有全地下室车库，容积率达到了2；在节水方面，G栋设计为25层，减少建筑覆盖率，增加绿地和休闲空间，节约土地资源。建筑覆盖率达到了26.7%。

亮点9：加装能耗控制系统

技术层面上，招商地产在绿色节能方面的实践在全国处于领先地位。比如泰格公寓是四星级酒店式公寓，入住的旅客大多白天出去，晚上回来，每个房间因旅客的使用习惯不同，用电负荷都不太一样。这与写字楼是有明显差别的，写字楼的照明要求不同，人的密度远大于酒店，对空调的用电要求有很大不同。又比如商业项目花园城中心，招商地产对它的诊断是用电负荷偏大，就像是部丰田车，却安上了悍马的心脏，油耗大很多。为此，招商地产就是要在这样不合理之处加一个控制系统，先查到哪些环节耗电偏多，再采用一些针对性的节能技术，把能耗降下来。

03

泰格公寓低碳方案调整深度分析

泰格公寓在前期的设计阶段单从建筑艺术效果出发，并未充分考虑建筑的节能性，导致前期设计中G栋的东、南、西三个立面近乎100%的开窗率，经初步统计单位面积空调冷负荷指标达到一般住宅的3~4倍。为了项目能够在全寿命周期中健康地运行，节能成为本项目的关键所在，为此综合各方面技术力量对此做了深入研究。

1. 前期方案定位

开窗率：100%

玻璃：采用一般的普通白玻

空调系统：采用户式分体空调

热水系统：集中燃气热水系统

2. 节能原则

节能分为主动节能和被动节能，主动节能主要指通过建筑本身合理的围护结构降低进入建筑室内的热量；被动节能主要指在前面主动节能的基础上，进一步通过先进的技术，第二次降低能耗。简单点说主动节能控制进入热量，被动节能消化进入热量。由此可见节能首先要做好围护结构，然后才考虑从设备技术上节能。遵循着这个原则，以下研究内容也将从以下三个方面展开：

一是围护构造方案；

二是空调系统方案；

三是热水系统方案。

3. 围护构造方案分析

（1）建筑构造本身耗能分析

深圳属于亚热带气候，气候特点是太阳辐射强度大、太阳高度大，月平均室外干球温度普遍高于15℃。一般做好建筑节能从以下三点出发：通风、遮阳和隔热。由于深圳的气候与北方不同，室内外的温差不像北方那么明显，能量进入室内的主要方式还是通过阳光直射，所以将重点围绕通风、遮阳展开分析。

（2）进行建筑构造节能的措施

根据以上分析决定从以下几方面增强建筑自身的节能性能。

通风措施：

建筑设计前期即对如何创造自然的通风环境下了一番苦心，通过合理的平面布局，在门窗开启时每个户型90%的室内空间可形成自然通风。设计后期，又提出了呼吸窗加竖向变压式排风道及排风设施，保证住户在关闭窗户时，建筑也达到通风的效果。原理是通过在建筑的每个厅、房都安装了呼吸窗，配合厨房、卫生间设置的竖向变压式排风道及排风设施，形成自然风流。在能源优化分析中，为利用新风保证室内的卫生状况和充分利用夜间通风的降温效果，分析模拟通风模式如表3-1所示。

通风模式设定				表3-1
时段划分	8:00~12:00	13:00~24:00	1:00~7:00
换气次数（次/h）	2	1	5

遮阳措施： 在本项目中增强建筑的遮阳性能主要通过以下两个方面，争取最大的遮阳效果：

构造方面： 首先减少开窗率，在不影响到立面效果和功能使用的前提下，把东西向的开窗率调整为45%，南面的开窗率为60%，对比原设计中100%的开窗率，建筑的节能效果获得了增强。其次，在G栋南面原方案设计了1200mm进深的阳台，有效起到了遮阳效果。能源优化分析中，虽然竖向遮阳对东西向是最有效的，但为了不影响原有立面，采用在G栋无阳台部分东南、南向增加挑宽750mm的遮阳板，通过水平遮阳从而降低了单位面积空调冷负荷。能源优化分析模拟对三种尺寸的水平遮阳板进行遮阳效果分析。遮阳板尺寸如表3-2所示。

遮阳板尺寸表				表3-2
东西向遮阳板	遮阳板一	遮阳板二	遮阳板三
长度（mm）	500	750	1000

围护材料方面： 玻璃作为建筑主要的围护结构起着遮阳和隔热两方面效果。在ASHRAE夏季标准条件下，通过玻璃的总热值，可用公式表示为：

$$Q = (31.7℃ - 23.9℃) \times K + 630 \times SC \quad (K——传热系数；SC——遮阳系数)$$

其中第一项表示室内外存在温差时的传导和对流，代表了玻璃隔热性能；第二项表示直接太阳辐射增热，代表了玻璃的遮阳性能。

通常，一块6mm厚的透明玻璃，K值是5.7，而保温好的墙的K值是0.5~1，一块高性能多功能中空玻璃的K值可以是1.8或更低。由于深圳属于亚热带气候，室内外的温差不大，不像北方室内外温差可达到30℃以上，因此玻璃的隔热性能在深圳并不明显。

由于630倍的基数很大，SC的变化对通过玻璃进入室内的总热值起着主要的影响作用，因此玻璃的遮阳性能非常重要。但由于玻璃采光、遮阳、隔热等性能是相互制约的，又无法只根据SC选择玻璃品种。想了解原因，需要先了解一些玻璃的性能，以下是影响玻璃性能的主要几项指标：

热传导系数K：玻璃和其他物体一样，也是传热的。通常，一块6mm厚的透明玻璃K值是5.7，而保温好的墙的K值是0.5～1，一块高性能多功能中空玻璃的K值可以是1.8或更低。要降低玻璃的K值，目前主要有两种方式：双层或三层玻璃，主要通过限制玻璃传热过程中的热传导；还有通过在玻璃上镀低辐射Low－E膜来取得，这种镀膜能够把室外的红外线热量反射回室外，阻止了玻璃热传导过程中热量—长波反射的向内渗入。

遮阳系数SC：热量是通过玻璃进入室内，用遮阳系数来衡量。系数越低，这一块玻璃遮阳性能越好。举例来说，一块3mm的透明玻璃，遮阳系数基本上是1，即太阳光中大部分热量都能通过玻璃进入室内。但一块高性能镀膜24mm中空玻璃，遮阳系数可以是0.3，即太阳光中近70%的热量都被挡在室外，进不了室内，把这种玻璃叫做阳光控制Low－E玻璃。

可见光透过性：从接近自然、改善室内照明的角度出发，经常会希望将阳光引入室内，但通常情况下，阳光的介入往往增加了室内的热负荷，造成了空调使用费用的增加。然而分析阳光的光谱特性：太阳光中绝大部分能量集中在波长为0.15～4μm之间，占太阳辐射总能量的99%。其中，可见光区（波长0.4～0.76μm）占50%，红外线区（波长>0.76μm）占43%，紫外线区（波长<0.4μm）占7%。因此，可以通过技术选择性地将不可见光的附属太阳能量尽量多地排除在外，而适当控制可见光的进入。

在窗墙比确定的情况下，可以通过控制适当的可见光透射率达到合适的室内亮度。对于泰格公寓来讲，从能源优化和兼顾日光照明两方面考虑，所选用的玻璃的可见光透射率在45%左右。

从以上的分析不难知道，对这三个特性的统一并不是一个简单的问题，在于：

①同时达到防止夏天热量进入室内、冬天保持室内热量的目的

通常阳光控制性能好的玻璃，遮阳系数较低，K值较高，而K值较低的玻璃，遮阳系数较高，这一矛盾一直到出现多功能镀膜技术之后，才圆满得到解决。这种镀膜技术本质上是把阳光控制镀膜和Low-E镀膜结合起来，在镀膜机内经过多层次镀膜于一面玻璃之上而成。其阳光控制性能遮阳系数为39%；热传导K值为1.4。

两者均极为优越，可大大节约夏天制冷、冬天取暖的能源费用，也可大大节约空调机组的功率，减少设备投资金额。

②可见光透射率和太阳得热的矛盾

如果将玻璃颜色做深，显而易见，这样进入室内的热量就会减少，但同时又必须满足适当的室内日光照明。在传统的玻璃上这是一个矛盾，但目前的阳光控制膜能满足这一要求，它在保持进入室内热量只为39%的情况下，可见光的透射率达到65%。

③可见光透射率与反射率

通常，透射率高，反射率就低；反射率高，透射率就低。比如：8%的透射率，反射率通常在37%~42%之间。但是，阳光控制Low-E玻璃成功地解决了这一矛盾，透射率为65%，反射率为7%，室内有大量光线可以进入，形成舒适的环境，反射率低，对外界不会造成强烈光反射的感觉，符合规范要求。

由以上的分析，不难发现阳光控制Low-E玻璃是深圳泰格公寓的最佳选择，能源优化分析模拟中选用三种玻璃方案，如表3-3所示。

各方案玻璃的热工参数表 表3-3

玻璃种类	普通吸热玻璃	热反射膜玻璃	Low-E玻璃
传热系数K（W/m^2·℃）	5.75	5.72	1.70
遮阳系数SC	0.85	0.55	0.31

通过对建筑通风模式的设定，可以在三种遮阳板尺寸、三种玻璃热工参数的基础上对建筑标准层的单位面积空调负荷进行分析，结果见表3-4。

标准层的单位面积空调负荷 表3-4

房间窗户玻璃种类	户型朝向	面积（m^2）	标准层空调负荷（W/m^2）			
			最热月平均	全年最大	全年累计	全年平均
普通吸热玻璃 SC=0.85	西向	112.64	91.9	309.1	6.92E+05	79.0
	北向	59.59	47.5	83.6	1.74E+05	19.9
	南向	85.60	57.5	182.5	3.67E+05	41.8
	中	131.16	42.0	133.8	2.08E+05	23.8
	东向	169.84	61.2	180.9	3.22E+05	36.8
热反射镀膜玻璃 SC=0.55	西向	112.64	66.9	242.1	4.38E+05	50.0
	北向	59.59	41.4	73.3	1.45E+05	16.6
	南向	85.60	42.0	99.0	2.07E+05	23.6
	中	131.16	32.6	74.5	1.34E+05	15.3
	东向	169.84	47.4	131.5	2.16E+05	24.6
Low-E中空玻璃 SC=0.31	西向	112.64	49.2	150.8	2.64E+05	30.1
	北向	59.59	37.2	65.6	1.27E+05	14.5
	南向	85.60	35.6	69.1	1.49E+05	17.1
	中	131.16	28.2	50.1	1.05E+05	12.0
	东向	169.84	36.6	85.1	1.47E+05	16.8

（3）固定投资

表3-5 固定投资分析对比

	6C白玻	6CTS140镀膜玻璃	6CEB12+12A+6C中空玻璃
玻璃单价（元/m²）	70	135	320
初投资（万元）	61	110	260

4. 空调系统方案分析

（1）泰格公寓集中供冷的特点

通常住宅建筑空调运行具有以下特点：

①住宅空调一般有几个使用高峰，平时早上7：30～9：00，中午11：00～14：30，晚上18：00～23：00，节假日除上述外的其余时段也有可能处于用冷高峰，导致住宅空调呈间歇性运转模式，参差系数明显大于其他民用建筑。

②我国居民通常习惯使用哪间房间就开相对应房间的空调，所以由于同一栋楼内空调使用情况很不均匀，开关空调具有很大的随机性，因此住宅空调的同时使用系数较低。

这就要求选择住宅中央空调系统时，冷热源必须具有良好的容量调节能力。而具体到泰格公寓，根据对鲸山别墅及明华国际会议中心常住的欧美客人的调查，由于这些住户的水电费均由公司承担，对电费关心程度不高，加之深圳平均湿度较高，所以他们一般出门并不关空调，这样可以控制房间内的湿度，易于物品的保存，同时回家可以感觉很舒适，因此泰格公寓的空调同时使用系数趋近于入住率，空调负荷特性与商业建筑类似。在空调温度的要求上，夏季室内最舒适的温度为24～28℃，欧美客人比亚洲人平均低2℃，取24℃。

（2）空调全年动态负荷分析

空调的负荷通常可以分为两大类：一种是供设计时决定空调系统设备容量大小的设计负荷，它直接关系到工程的一次投资；另一种是用于计算全年所需冷热量大小的动态的运行负荷，它直接关系到系统的运行费用。因此仅仅计算设计工况下的负荷是不够的，还需要计算空调系统一年的动态负荷，用于计算全年的总能耗。

空调系统全年动态负荷的计算，一般有以下三种方法：

①负荷频率表法（BIN Method）；

②度日法（Degree Day Method）；

③计算机模拟计算法。对于泰格公寓的运行负荷计算采用计算机模拟，这是目前最精确分析全年空调冷负荷的方法，采用Dest软件进行模拟得到泰格公寓全年空调负荷分布情况（见后面动态负荷计算中的图表）。

（3）几种不同的冷热源方案

泰格公寓的空调系统有以下几种备选方案：

①家用分体空调

家用分体空调是在普通住宅中普遍使用的空调方式，采用往复式制冷压缩机，将室内热量直接输送到室外空气中，能效比$COP=2.3$。

优点：系统简单、价钱便宜；缺点：室外机过多，影响外立面，即使用百叶做外装饰遮挡，也容易产生集热现象，室内机摆放位置影响装修，不便集中控制，平均寿命只有中央空调的1/2。舒适度差，特别是用于进深大的房间，因为温差过大，为了使房间远端达到温度24℃，空调出口温度开到18℃。

②户式中央空调

户式中央空调目前一直是国内空调厂家研究和推广的重点，它的制冷原理和分体空调一样，同样是通过压缩制冷，将室内热量和室外进行交换，不同的是制冷量的大小及冷媒的分配方式，其能效比略高于分体空调，$COP=2.8$。就其形式来说分为：

普通的多联空调系统：一台室外机对多台室内机，室内机可以是风机盘管，也可以是立式风柜，形式多样，采用先进的技术控制冷媒在室内各蒸发器之间的分配问题，可以使装机容量小于分体空调，并节约运行成本。

VRV系统：采用了变频及多压缩机的技术，使得整个机组在空调部分负荷运行时的效率非常高，甚至超过满负荷的效率，节能效果明显，但同时其价格非常之高，平均1.3万元/匹，是普通分体空调的7倍。

总的来说，户式中央空调控制灵活、能效比略高于分体空调，系统负荷的可调性强，但价格较高，同时能效比低于集中供冷水冷机组，比较适用于高层复式、townhouse、别墅等周围没有集中供冷系统的大户型，所以对于泰格公寓G、F栋这种具有集中供冷优势的高层，性价比不高，特别是VRV系统。

③螺杆式水冷机组

采用螺杆式压缩机，特点是制冷量可以在10%~100%的大范围无级调节。同时由于冷凝器和冷却水进行热交换的效率较高，从而使得螺杆机的能效比高，$COP=4.5~5$，通过远传热量表的设置可以轻松地完成对用户使用冷热量的计量，达到合理收费。

④直燃机

利用燃料燃烧产生的热量，加热溴化锂稀溶液产生高温蒸汽，驱动溴化锂吸收式空调，在保证空调负荷的前提下，富余的机组负荷用于产生卫生热水，如果需保证热水出水稳定，可在原主机的基础上增加燃烧室、高温蒸发室，使之满足增加的卫生热水负荷要求，按照远大的数据，高温蒸发室每增大一号，供热量提高20%，价格提高3%。总的来说，直燃机是一种节能但不环保的空调形式。

⑤水环式空调

水环式空调是一种节能的空调系统形式，它利用循环水系统将建筑物内部各个水源热泵机组有效地连接起来，集中提供冷（热）源，而空调主机由各个用户单独控制，用户可以根据自己的需要和生活习惯来选择调节不同的制冷供暖工况。

⑥热泵

热泵是一种通过输入少量的高品位能源（如电能）提取低温位中的热能并向高温位转移的成熟节能技术。热泵主要应用于冬季的采暖和热水的供应，而反向运行可以在夏季将室内的热能输运到外环境中。主要分为：

水源热泵：直接利用地下水或湖水、海水等自然水体的循环吸收或排放热量。根据泰格公寓的地质报告，地下水水量少，不适合用于做水源，海岸离泰格公寓较远，中间有不少建筑及公路，所以利用海水的可能性也不大。

地源热泵：通过做埋地管，使冷却水在经过土壤时吸收或排放热量。根据泰格公寓的地质报告，地下岩石层较浅，做地源热泵，埋深不够，并且国内做地源热泵例子很少，没有数据积累。

针对这几种备选方案，曾经做过一份直燃机与螺杆机之间的分析比较，并得出螺杆机+余热回收+冷量计量系统为最优设计方案，由于进行方案调整时，设计已经进行到末期，地下室并未预留机房，配电系统是按分体空调设计的，如果改成集中供冷引起的设计更改将会较大，会延长设计周期，故未能落实。现选择分体空调为参照方案（方案一），选择户式多联系统（方案二）及水环式空调（方案三）为对比方案。

（4）各方案初投资分析

各方案的初投资直接与设备的装机容量有关，而计算设备容量必须先有总的冷负荷指标，根据对围护构造篇中G、F栋负荷分布的统计，得出在普通白玻、热反射镀膜玻璃、Low-E中空玻璃下各自的总负荷，如表3-6，表3-7所示。

各种玻璃方案下G、F栋的总冷负荷指标　　　　表3-6

	普通白玻	热反射镀膜玻璃	Low-E中空玻璃
G栋全楼总冷负荷（kW）	3134.0	2107.2	1442.1
F栋全楼总冷负荷（kW）	610.0	410.0	129.3
总冷负荷（kW）	3744	2517.2	1571.4

各方案空调系统的造价　　　　表3-7

空调系统	造价
户式分体空调	780.0元/KW
多联空调系统	1400.0元/KW
水环热泵空调系统	2780.0元/KW

根据上面的两个表，得出在不同玻璃方案下，不同空调系统的造价：

三种不同玻璃方案下的空调系统造价　　　　表3-8

	户式分体空调（万元）	多联空调系统（万元）	水环热泵空调系统（万元）
普通白玻	292	524.2	1041
热反射镀膜玻璃	196.3	352.4	699.8
Low-E中空玻璃	122.6	220	437

（5）各方案运行能耗

根据Dest软件计算得出G、F栋的全年运行的动态负荷如下，其中横坐标是动态负荷的区间划分，纵坐标表示横坐标中相应负荷的累积时间，经过求和后，可以准确地计算出G、F栋全年总共的动态负荷值。

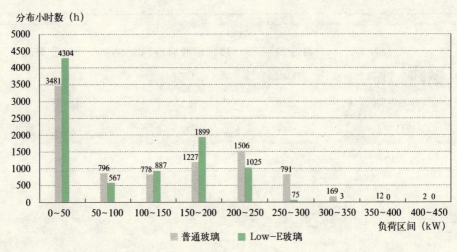

图3-10　F栋建筑两种玻璃方案的负荷区间分布小时数统计（空调面积按照3500m²计算）

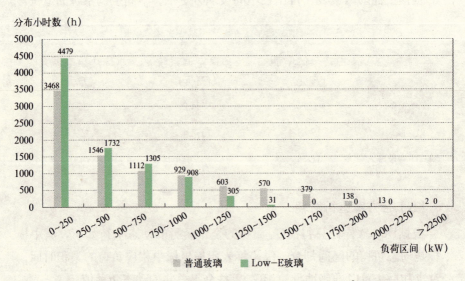

图3-11　G栋建筑两种玻璃方案的负荷区间分布小时数统计（空调面积按照18000m²计算）

经对图3-10和图3-11的统计，得出在不同玻璃方案下的总动态负荷如表3-9所示。

不同玻璃方案下的总动态负荷对比　　　　　　　　表3-9

玻璃方案	总动态负荷（kW·h）
普通白玻	593.6万
Low-E中空玻璃	410.5万

根据已计算的总动态负荷的值可以算出各方案的年运行费用如表3-10所示。

各方案的年运行费用对比（万元）　　　　　　　　表3-10

玻璃方案	分体空调$COP=2.3$	家用多联$COP=2.8$	水环式$COP=4.1$
普通白玻	240	212	144.8
Low-E中空玻璃	166	146.7	100

（6）费用对比

原先的空调方案：普通白玻+分体空调，与现行方案：Low-E中空玻璃+水环式空调相比如表3-11所示。

不同玻璃方案下的造价与年运行费用对比（万元）　　表3-11

对比项目	普通白玻+分体空调	Low-E中空玻璃+水环式空调
造价	292	437
年运行费用	240	100

5. 热水系统方案分析

（1）几种不同的热水方案

泰格公寓有以下几种集中热水方案：

①燃气式热水炉

这是最为常见的产热方式，初投资较省，但有安全隐患，同时运行成本相对较高，燃气价格直接决定其运行成本，由于燃气属于不可再生的资源，易受世界局势的影响，因此其价格的特点为波动性大，并保持长期上升走势。

②热泵加热系统

通过输入少量的高品质电能，将低温热源中的能量输运到高温热源中，输送的能量总值相当于从低温热源中吸收的热量值加上本身的输入电能转换成的热量，效率较高，当室外环境为15℃时，产生55℃热水，能效比COP可达到3.5以上。

③太阳能热水器+辅助燃气式热水炉

深圳的太阳能资源较为丰富，日照充足的天数每年能有近300天，这为利用太阳能提供了良好的气候条件；另一方面作为一种免费的清洁可再生能源，太阳能在热水上的应用已经日臻完善，有着成熟的产品和工程实例，可以说是新型能源应用的一种发展趋向。而目前太阳能利用的制约因素是价格较高，同时为保证阴雨天特别是在寒冷季节里的不利天气条件下的热水供应，仍然需要配上一套完整的辅助加热设备；另外，在白天贮热，夜间使用、补水及保温这方面的控制也较为复杂，容易出问题，如设计不好可能出现夜间补完冷水后，已经被辅助加热保温系统进行预热，从而影响第二天太阳能的吸收效果。

④直燃机

直接利用直燃机的富余负荷进行卫生热水加热，必要时可以通过增大燃烧室和高温蒸发室来满足供热要求，其生产生活热水的原理和燃气热水器是相同的，同样受燃气价格的制约。

⑤集中空调的冷凝余热回收

在制冷循环中，当制冷工质采用CFC时，压缩机排气温度一般在65℃以上，甚至达到95℃。通常高压过热制冷剂进入冷凝器由冷却水降温

> 低碳微博　尽管碳排放的计算争议尚存，但将这一理念植入建筑节能毫无悬念。简言之，用碳排放衡量建筑是否节能需要关注的产业链条更长。

冷凝，热量由冷却水带走并排入大气，冷却水的温度在32～37℃，属于无法利用的低品热能。可以通过设立两级冷凝器，初级用于收集高温气化CFC释放出的显热，加热生活热水，可使水温达到55℃，回收能力可达到总排出热量的20%。

在综合前面空调形式选择结果的前提下，选取三种可供对比的方案：

方案一：采用燃气式热水炉；

方案二：采用热泵加热系统；

方案三：采用燃气式热水炉加太阳能热水器。

（2）相关的基础资料及计算依据

根据《建筑给水排水设计规范》：高级住宅热水用水定额为：每人每天110～150L（60℃），本方案取110L；

室外最冷地表水温度为15℃，加热至55℃；

根据《规范》：对于全日制供热水的住宅，当加热系统为即热式或半即热式热水器加贮热水箱时，设计小时耗热量为$K×$平均小时耗热量，其中K为时变化系数；

考虑高峰负荷为晚上7：00～10：00，历时3小时；

液化石油气的热值为：108438kJ/m^3；

商用液化石油气价格：13.6元/m^3（原油价上涨前），电费按0.93元/度；

广东地区全年阴雨天约60天；

每户按3人设计；

热水供应小时变化系数K值：200～250人为4.13，300～450人为3.7。

（3）固定投资分析

在热水系统的设计上，考虑到规范中对管网用水点最大静压的限制，我们把热水系统作了相应分区，分别为G、F栋高区（7F～25F）共120户，G、F栋低区（1F～6F）共78户，每区均配一个10m^3的贮水箱。

依据前面的基础资料，经计算，高区的供热设备即时供热能力为166kW；低区的供热设备即时供热能力为78kW。

据此各方案选用的设备及固定投资如下：

方案一　　　　　　　　　　　　　　　　　表3-12

设备名称	数量	单价	总价
高区：阿里斯顿NHRE90,输出功率84.1kW/台	2台	5.5万元	11万元
低区：阿里斯顿NHRE90,输出功率84.1kW/台	1台	5.5万元	5.5万元
贮热水箱、管道及循环泵	1套	8万元	8万元
合计			24.5万元

方案二　　　　　　　　　　　　　　　　　表3-13

设备名称	数量	单价	总价
高区：华电HAM300NR1A,输出功率84kW/台	2台	27万元	54万元
低区：华电HAM096NR1A,输出功率28kW/台	3台	7万元	21万元
贮热水箱、管道及循环泵	1套	8万元	8万元
合计			83万元

方案三　　　　　　　　　　　　　　　　　表3-14

设备名称	数量	单价	总价
高区：422m²太阳能面积	2台	27万元	57.6万元
阿里斯顿NHRE90,输出功率84.1kW/台		5.5万元	11万元
低区：164m²太阳能面积	3台	7万元	22.4万元
阿里斯顿NHRE90,输出功率84.1kW/台		5.5万元	5.5万元
合计			96.5万元

（4）运行费用分析

根据基础资料实际每日热水耗热量为：

G、F栋高区： 6652800kJ

G、F栋低区： 4324320kJ

三种方案的运行费用		表3-15
方案一	方案二	方案三
50.3万元	28.6万元	25.5万元

（5）小结

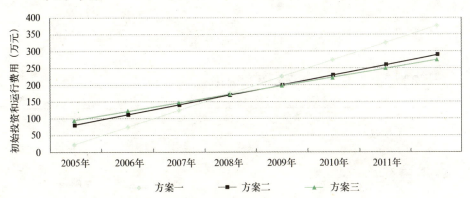

图3-12 三种方案的初投资及运行费用总和随时间变化的曲线（注：2011年为预测值）

运行费用分析	表3-16
分析	①燃气热水器虽然造价最低，但使用费用高，并且有污染； ②热泵系统与太阳能系统虽然造价高，但运行费用低，3年节约的费用可收回初投资，随后即进入产生效益的阶段； ③对比太阳能与热泵系统，太阳能系统的节能效果略优于热泵系统； ④太阳能系统控制系统更复杂，高区需要4个9.5m³的贮热水箱，低区需2个12m³的贮热水箱，维护困难； ⑤太阳能集热板对建筑要求较高，不能被遮光，要保证一天中主要时段的日光能够照射到，并且占用屋顶面积较大； ⑥泵系统相对而言系统简单，运行比较稳定； ⑦空气中的灰尘对太阳能有一些影响，长期使用要经常清理集热板上的积灰
结论	综上所述，建议在G、F栋使用热泵热水系统，其节能效果比太阳能略逊，但比燃气式热水炉节能近一半，使用电能，洁净环保，在使用中可考虑将热水箱的自来水补水管和冷却水回水管先通过一个板式换热器进行热交换，起到预热作用，同时也减少了冷却塔的负荷

6. 节能综述

（1）节能改造前后投资变化

节能改造前后投资变化对比				表3-17
	玻璃	空调系统	热水系统	合计
原方案：普通白玻＋分体空调＋燃气热水炉	61万元	292万元	25万元	378万元
现方案：Low—E中空玻璃＋水环式空调＋热泵热水器	260万元	437万元	83万元	780万元

（2）节能改造前后年运行费用变化

节能改造前后年运行费用变化对比			表3-18
	空调系统	热水系统	合计
原方案：普通白玻＋分体空调＋燃气热水炉	240万元	50万元	290万元
现方案：Low—E中空玻璃＋水环式空调＋热泵热水器	100万元	29万元	129万元

（3）综合效益比较

现方案比原方案初投资增加402万元，但每年的运行费用可节约161万元，以静态分析的方法，约3年即可收回增加的初投资，3年之后其节能的效果凸显，如图3-13所示。

经过方案的调整，使得泰格公寓的运行能耗大幅下降，从一个长期的建筑寿命周期的角度去观察，节约的费用是巨大的，同时降低能耗也为社会效益做出了贡献。

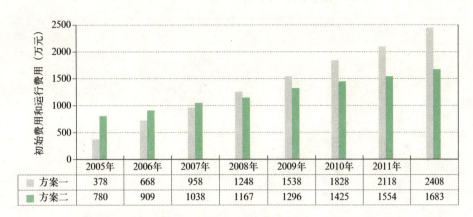

图3-13 两种方案的初投资及运行费用总和随时间变化的柱状图

可见,在房地产领域,如果建筑师在设计之初就有着生态节能的观念,从建筑全寿命周期的角度出发,在设计之中将生态节能贯穿始终,让建筑有良好的通风、与立面相融合的遮阳构造、隔热效果好的围护结构、合理的设备系统,这些措施必将对建筑的节能起到积极的主导作用。

第三节 低碳创意产业园社区：广州金山谷

广州的金山谷项目在番禺2009年获得了联合国首届人居企业最佳案例奖，全球只有5家获得这个奖，实际上社区仅此一项。

招商地产对广州金山谷项目做了一些效率的分析发现：在减少30%交通需求方面，就可以减少二氧化碳的年排放量达到3200t，相当于2.84km^{2}的林木每年的吸收量。在综合节能率方面，招商地产做到了65%，每年可以减少二氧化碳排放量达到7600t。项目用了一些太阳能热水系统，这方面每年可以减少二氧化碳排放量1000t。

01

金山谷项目概况

金山谷国际社区是招商地产在番禺钟村的地王项目，位于番禺金山大道祈福新村附近，与富豪山庄相邻，位于市广路和新光快速路之间、金山大道的南面。

低碳创意产业园社区：广州金山谷 第三节

该项目占地83.3万m^2，售住宅总建筑面积达68万m^2，坐拥原生山谷坡地，招商地产在规划时通过建筑避让或移栽等手段保留了200余棵胸径在40cm以上的原生树木。此外，在此项目中，招商地产导入其独有的"社区综合开发模式"和"绿色地产"的可持续发展理念，利用高效垂直人工湿地节水节能、太阳能热水系统高效低耗能等绿色技术，致力把项目建设成为国际化的高尚生态社区。

图3-14 金山谷一期别墅庭院实景

图3-15 金山谷低碳别墅实景

图3-16 金山谷低碳规划

图3-17 金山谷太阳能屋顶

图3-18 金山谷别墅一角

低碳地产先锋 | 103

图3-19　招商地产广州金山谷项目绿色体验区1　　图3-20　招商地产广州金山谷项目绿色体验区2

图3-21　招商地产广州金山谷项目绿色体验区3　　图3-22　招商地产广州金山谷项目绿色体验区4

图3-23　招商地产广州金山谷项目绿色体验区5　　图3-24　招商地产广州金山谷项目绿色体验区6

第三节 低碳创意产业园社区：广州金山谷

图3-25　热反射膜玻璃　　图3-26　Low-E中空玻璃　　图3-27　真空管太阳能集热器

图3-28　加气混凝土和透水砖　　　　　图3-29　排蓄水板和植草格

图3-30　金山谷一期高层洋房规划

第三章 招商地产低碳发展模式

广州金山谷项目是招商地产在蛇口之外又一次社区综合开发的实践，招商地产在这个项目上不仅做住宅，还做创意产业园，因为规划报批的原因，2010年左右才开盘，时间拖得比较长。这个项目从拿地之后，一直在跟国际上一些机构洽谈合作，制定一个地球生活可持续行动计划大纲。

02

金山谷引进了生态足迹的理念

广州金山谷项目引进了生态足迹的理念，包括对家庭使用能耗、交通能耗，还有商品能耗三个方面。

图3-31　金山谷实景外观

招商地产金山谷项目所倡导的生态足迹理念，还包括一个地球生活的概念，招商地产任命了一批一个地球生活绿色经理。在低碳社区开发中，招商地产强调的是全过程，主要是以下4个方面：

（1）室外热环境改善，也就是热导效应；

图3-32　金山谷双拼别墅效果（方案一）

（2）建筑主题节能；

（3）公共技术；

（4）可再生能源综合利用。

亮点：树多过"墅"

招商金山谷主打"绿色、创意和国际化"，是广州过千个楼盘中获得中国唯一"2009联合国人居最佳范例奖"的社区。社区内有着大量原生态的山谷地貌，保留了很多原生树木，小区内有一株上百年的树王。社区内规划有山顶公园，人工融合于自然，通过移植、整修原生植物，还原生态景观。实施雨水收集技术和污水回用技术（回用水用于景观和绿化）。与常规设计方案相比，大幅减少市政自来水用水量与污水排放量。

图3-33　金山谷连排别墅效果（方案一）

图3-34　金山谷连排别墅效果（方案二）

图3-35　金山谷连排别墅效果（方案三）

图3-36 金山谷的原生态实景

图3-37 金山谷别墅一角

招商金山谷的全新三期别墅组团"槛"也已经亮相,三期产品位处金山谷的核心位置,继续坚持主打招商地产一贯的"绿色地产"旗号,该批产品在规划之初,就最大限度地保留了原生树木,产品围绕社区内树王——百年南洋楹而建,树比"墅"多,是该组团特色之一。

亮点:低碳,无处不在

金山谷倡导的是一种返璞归真的生活,人、建筑、自然,三者融为一体,在同一片天空下自由生活。在原生山谷坡地上,别墅呈现错落有致之势,200余棵直径在40cm以上的参天大树为社区遮阳降温,自然风穿堂而过。并且,金山谷的业主还可以享受步行上学、步行上班的快乐。

低碳创意产业园社区：广州金山谷 第三节

图3-38 金山谷别墅院落一角

图3-39 金山谷双拼别墅效果（方案一）

图3-40 金山谷双拼别墅效果（方案二）

小区内节能减排措施环环相扣。驾车进入小区，即使急刹车亦不会带来大噪声，皆因马路早已采用特殊处理；园内树绿花美，生态技术将雨水、废水循环再用，不但满足每天的花草灌溉，还可以擦地；节能灯泡、节水型马桶等占据主导；顶层采用特殊隔热板，将阳光挡在屋顶之外；屋顶背着大型"圆桶"，是24h太阳能热水系统；使用无机房、小机房电梯，实现"节地"目的。可以说，金山谷堪称会省钱的房子。数据显示，这些绿色低碳措施每年可为业主节省340万元。

第三章 招商地产低碳发展模式

链接

2010年招商地产获得四大低碳地产殊荣

在2010年第十届中国房地产发展年会上,招商地产一举获得四大奖项,招商局地产控股股份有限公司被评为2010中国房地产低碳榜样企业,依云水岸和依云上城双双获得2010中国房地产低碳示范楼盘称号,招商局副总经理胡建新获得2010中国房地产低碳先锋人物奖。

招商地产在绿色建筑的理论研究上走在行业的前列,在实践中亦严格推进绿色建筑的发展。2007年,招商地产携手会德丰地产开发了依云水岸、依云上城两个项目,便以绿色生态技术作为开发的首要准则。依云水岸依东平河而建,引东平河系入内,以绿色生态为核心进行开发,建筑综合节能率高达65%,远高于国家的相关要求。依云上城,采用了生态呼吸窗、保温隔热等节能技术,在规划阶段便采用建筑环境通风模拟测试,使建筑和自然更和谐,在建筑规划上也处于领先水平。

图3-41 依云水岸庭院效果图

图3-42 依云水岸实景图

图3-43 依云水岸实景图

锋尚国际
低碳地产模式解密

锋尚国际（Tip top）是一家极富创新的公司，是中国唯一"建筑节能系统集成提供商"和"专注研究开发高档公寓和别墅的专业发展商"。示范工程北京锋尚国际公寓，是中国第一个"高舒适、低能耗"项目；南京锋尚国际公寓，是中国第一个"高舒适、零能耗"项目。

第一节 锋尚模式：不是一两棵大树就意味着低碳了

> 锋尚国际专做节能研究和低碳研究已经有8年了，经过8年的低碳研究和实践以后，形成了锋尚自身特色的低碳开发模式，即全面深入地执行低碳，而不是把低碳作为作秀、投机取巧。

锋尚国际认为低碳地产开发是要全面地表现在整个过程中，而不只是在某些环节低碳了就可以了的。

当然，锋尚国际的管理层也感觉到了一些困惑：比如，有的企业用了一两种节能材料，就把自己标榜成节能产品。甚至有的还不惜从比利时运过来一棵大树，有的企业认为这是绿色建筑，这都是理念上的错误。其实道理很简单：如果企业把大树从比利时运到中国来，这过程要排放多少二氧化碳？还有某些地方政府发文件，要求把屋顶都绿化，种上草。锋尚国际的

锋尚模式：不是一两棵大树就意味着低碳了　第一节

管理层认为这也都是违背了低碳环保的理念。草是最费水的，所以才不提倡高尔夫球场的。草是最耗水的，把草坪都种到屋顶上，浇水就要用水泵提升，而用了水泵就要增加排放CO_2。所以像这样的一些做法，从观点上和从理念上都已经背离了建筑的节能环保，这是锋尚国际不推崇的。

做低碳地产项目不但不亏，而且更赚

锋尚国际在中国很多地方建了低能耗、零能耗建筑，并且应用了一些太阳能技术。于是就有很多人问锋尚国际的管理层：这是不是成本很高，做建筑节能是不是很吃亏这样一类的问题。

锋尚国际的结论是做低碳建筑不但不亏，而且更赚。开发低碳建筑，成本肯定是增大的，但这里有一个价值提升的问题，这里的学问就在于开发商如何将成本转换成价值。

国家近几年出台了很多建筑节能强制性标准，但最后大部分开发商都是很不情愿地按照那个标准来做，有的甚至为了降低成本，还通过变更手段来取消节能设计，产生这样的行为，锋尚国际管理层认为，这主要是因为这些开发商没有能力把价值提升。因为没能力把价值提升，那么低碳建筑无疑要多花钱、加大成本，低碳开发也就成了一项负担。这就好像一辆夏利汽车，很便宜，七八万块钱，如果非要把玻璃换成宝马的玻璃，那最后成本肯定要变成十几万元，而最后市场上就不接受了，因为再添加两万元就可以买桑塔纳了。

所以，锋尚国际管理层认为，不能单纯地说低碳就赚钱或赔钱，问题的关键不在于低碳不低碳，关键在于如何提升价值。

锋尚国际低碳地产模式解密

02

把房子每个低碳细节加起来转换成价值

锋尚开发的低碳地产项目,之所以没有受累于因为低碳技术和材料的使用导致的成本增加,反而在市场中独树一帜,其要害在于锋尚善于通过低碳技术提升房产价值,并且在细节打造上执行高标准。

锋尚国际认为,低碳只是好房子的一个必要条件。

比如,北京曾经有一个项目,广告、软文铺天盖地,标榜是低碳建筑,但开盘当天据网上介绍是零纪录,表明消费者非常聪明冷静,并不是说开发商标榜项目是低碳了,购房者就把它看成是好房子。

锋尚国际认为,低碳只是好房子其中的一个必要条件。好房子的充分条件有太多太多的细节,这是最难的。其实很多人参观锋尚以后,他们最佩服的就是这么多细节是如何实现的。比方说怎么可以做到卫生间里全部都是整砖,没有半砖,而且砖缝与卫生洁具要对中,而且砖缝还要和洁具剩下的左右距离要相等。很多地产同行看了之后很佩服锋尚,因为他们自己原来也都排过砖,排了几天几夜,最后还是贴不出来这样的。更难办的,那么多房子,几百套房子,怎么可以做到每户都是这样?这个可以算是锋尚的秘密武器。

1. 房子建到什么水平,售价就可以达到什么水平

锋尚国际2003年在北京锋尚做了一个低能耗项目,2008年在南京做了一个零能耗项目,房价是周边普通项目的两倍多。

南京锋尚普通的190多平方米的公寓(不是别墅),就可以卖到五六百万、六七百万元的水平,包括2008年3月份以后,全国的房子都不好卖,但南京锋尚国际公寓推出最后的两栋同样很快卖掉,很多人误会是零能耗,其实不然。

低碳微博

"传世百年"的理念就是要把低碳、环保、可降解等绿色理念根植在城市、环境、地块、服务于人等诸多方面上。

零能耗或者建筑节能，只是南京锋尚国际公寓销售良好的必要条件，还要有很多充分条件促成了良好的销售业绩。

锋尚国际认为，真正的好房子是可以产生很大的市场溢价的。这就像是汽车和服装一样，高质量的汽车和名牌的服装，都是比普通的汽车和服装售价高出很多，甚至是普通的几倍都很正常——这主要不是因为名牌汽车和服装的成本高了特别多，而是客户认同其高质量，并且也愿意为这种高品质支付极大的溢价。

同样的，好房子也是很有价值提升空间的，所以，房子建到一个什么样的水平，市场上就会给开发商兑现多少价值。

锋尚在5年前提出来告别空调暖气时代，在中国第一个实现了房子里没有传统的空调器和暖气片，而且还配有置换式新风系统，既节能环保，更大大提高了居住者的舒适程度，深得一些低调、有品位人士的青睐。零能耗不是不耗能了，它是建立在低能耗的基础上补充太阳能、风能、地热能等可再生能源，达到不用、少用传统能源的目的。比方说，传统的房子需要100度电通过空调把房间温度降下来，那么锋尚的一百度电怎么来消化的呢？基本上80度电是靠建筑自身的维护结构把它给消化掉了，那么还有15度电靠地热能——住房和城乡建设部叫浅层地能——锋尚国际是打了80m深管子都埋下去了的，打下去以后跟房间连通形成循环；其余5度电用在了使用太阳能光伏发电技术驱动的循环水泵上。

并且，需要指出的是，锋尚国际省下来的电是夏天家家户户都用空调、最需要电的时候省下来的。如果锋尚国际通过建发电厂来满足夏天用电，那么一年三分之二的时间电是闲置的，相当于三分之二的投资是浪费的。所以，锋尚国际开发零能耗的房子是遵循、实践科学发展观，把能耗问题用一个聪明的办法来解决。

2. 做好每一个细节就是好房子

锋尚国际认为，一个项目最后能不能把价值提升上来，建筑节能只是

第四章 Chapter four
锋尚国际低碳地产模式解密

图4-1 建筑景观规划模型

图4-2 项目大门正面

一个必要条件，也就是说如果连建筑节能都没做到的话，这个房子根本就不叫好房子，价值根本就上不去。有一个综合的系统才可以把价值提升上来，把建筑节能的成本消化在里面。

好房子的充分条件有很多，如置换式新风，利用新风温度低就沉到地面上的物理原理，人体温高于室内空间温度，所以人走到哪儿，这个新风就跟到哪儿，这样对人的身体非常好。在瑞典这项技术用得非常多，如果房子没有新风的话，他们把这个房子叫"病体房屋"，房子没有新风，空气质量肯定谈不上，人的一生在"病体房屋"中度过，肯定对人的身体会不好。

所以，锋尚国际认为，最后如果购房者掏钱了，那就证明开发的房子的价值得到了市场的认可。掏钱的购房者会怎么来认定房子的价值呢？他们会把房子的每一个细节，仔仔细细地一个一个加起来，当然建筑节能也是作为其中一个必要条件加进去，这个时候就等于是把低碳建筑问题转换成了价值提升的问题，而不是单纯的成本增加。

3. 积极创建提供"解决方案"的新商业模式

我国的房地产市场原来是不管你建什么样的房子，只要你建出来了就有人买，开发

第一节　锋尚模式：不是一两棵大树就意味着低碳了

商可以不在盖房子上下工夫，但这个时代已经结束了，不是说开发商有块地就一定能赚钱了，因此才出现一大堆拥有大量土地储备的发展商，在香港排队上市纷纷搁浅。

其实房地产市场竞争、成熟到一定阶段后，和其他各行各业一样，就好像开饭馆一样，要把菜炒好，开发商要把房子盖好，锋尚国际就想在盖房子这块做一个好厨师，这是公司的战略，为此锋尚国际做了一系列的准备工作，所以才盖出备受瞩目的房子。

渣打银行全球合伙人、直接投资中国区总裁陈凡看了锋尚国际造的房子以后，认为锋尚在几万家发展商中，虽然规模实力不是最大的，但最重要一点是锋尚国际能建出最好的房子，有这一点就够了。

全球最大的投资银行之一的美林选择同锋尚国际合作，也是看重锋尚的产品优势，特别是节能环保。现在尽管房地产市场不好，但降价并不是唯一的选择，更不能由于价格被迫下降后，就想尽办法降低成本，甚至把节能标准也一起下降了。

因此，锋尚国际现在采取一种跟发展商合作的商业模式，帮助符合锋尚国际选地标准的项目升值，帮助他们建零能耗的房子，提升项目价值，实现大家双赢。多年来，锋尚国际做了很多这方面的准备工作，包括建立《锋尚标准》，特别是信息化建设，锋尚国际已经做好了与合作伙伴透明公开的电子信息平台。建筑节能综合价值提升，不单是一个技术问题，除技术外还有很多工作要做，锋尚国际把这种综合价值提升叫做"解决方案"。那么这个"解决方案"到底是什么东西呢？其实，就是一种新的商业模式，简单点说，发展商拿了块地，是想在那块地上挣钱还是想在那块地上盖房子，更多人的目的是挣钱，这就和锋尚国际有合作的前提，锋尚国际可以建立统一战线，合作建造十年不落后的房子，像复印机一样复制锋尚模式，挖掘这块土地的最大价值，实现共赢。

第四章 Chapter four | 锋尚国际低碳地产模式解密

链接

低碳地产的早期政策

2007年6月3日,《国务院关于印发节能减排综合性工作方案的通知》出台,要求对达不到节能标准的建筑,不得办理开工和竣工验收备案手续,不准销售使用;2007年6月6日,建设部发布《建筑节能工程施工质量验收规范》,规定自2007年10月1日起,建筑工程节能不符合规范不能通过验收。该"规范"涉及墙体工程、幕墙节能工程、门窗节能工程、屋面节能、地面节能工程、采暖节能工程等许多项,绝大多数与建材(部品)相关。

锋尚重在整合成熟先进的国外低碳技术

锋尚国际董事长张在东认为,锋尚的成功不在于掌握了先进的技术,而在于很好地利用了国外成熟的技术,锋尚做的只是移植工作。当然,移植重新组合的过程也是很大的创新。

1. 锋尚"告别空调暖气"是全面系统的优化设计

简单地说,就是在居室里不需要传统的空调和暖气设备,居室里就能一年四季保持一个人体舒适的温度(20~26℃),让人在居室里有"四季如春"的感觉。这需要靠什么技术支撑？这就需要对建筑的屋面、地下、外墙和外窗等全面系统的优化设计，从而摆脱传统住宅完全依赖采暖制冷设备才能达到舒适温度的落后状况。

然而，张在东却否认"告别空调暖气时代"是住宅科技创新，并抛出了"建筑是百年大计，不能盲目创新"的观点。

之所以说"告别空调暖气时代"在住宅科技上不是创新，是因为锋尚只不过是把国外成熟的技术移植过来而已，这种技术在欧洲已经有20多年的应用历史了，非常成熟。如果说在国内率先应用国外的技术就是技术创新，是不贴切的。我国在住宅科技领域的研究发展和相关技术还相当落后，北京地区执行的节能建筑技术标准仅相当于欧洲发达国家20世纪50年代初标准的下限，也就是说，我国的建筑居住水平与世界先进水平之间有着50年的差距。如何拉近这个差距，创新是必须的，但不应该是再用几十年的时间来重走国外的道路，而应该是先把国外先进的技术学习过来。对此，张在东打了一个形象的比方："如果连走路都不会，还怎么谈跑步呢？"

张在东认为，没学会"走路"就琢磨怎么"跑步"是不实际的，市场上很多标榜自己在搞"住宅科技创新"的项目，其实采用的都是国外已经淘汰的建筑技术，根本称不上创新。

众所周知，普通的老百姓购买一套房子往往要花掉多年甚至一生的积蓄，而且人有90%的时间都是在房子里度过的，房子质量的优劣对购房者的生活有着重大的影响。而且由于房子本身不可移动、建设周期长等特性，房子一旦建成便难以更改，一用就是几十年，因此建筑是百年大计，是承受不起不成熟的"试验品"的，开发商不应该在房屋建筑方面盲目创新。要盖出好房子，张在东提倡开发商应该先向发达国家学习，把别人好的经过市场检验是成熟的东西都拿过来，科学地整合在一起。

2. 锋尚的低碳创新经验就是整合

开发商怎样才能整合出一个好的建筑作品来呢？锋尚国际认为：一个项目能不能做好，重要在于发展商跟技术人员的结合，这需要发展商具备一定的专业知识，才能做出正确的决定。很多人都认为，发展商主要是进行整合工作，设计可以找设计院，施工可以找施工队，开发商只管整合就行了。但是，同样看一件事情，要求五个人每人整理出来一篇文章，要求1000字，能不能写出来？可以写出来，但是这五篇文章的水平与角度完全是大相径庭。不同的发展商也是这样，因此开发商应该尽快提高自己的专业知识，才能分辨是"精华"还是"糟粕"，从而整合出好房子。

对于张在东否认"告别空调暖气时代"是住宅科技创新的说法，清华大学房地产研究所所长刘洪玉认为是有创新的。张在东把世界上他认为好的技术都整合到锋尚国际公寓里边，现在搞管理学的人把已有先进技术科学整合也称之为一种创新，从产品的角度来说，锋尚这样做可以说是创新。

应该说，锋尚国际"告别空调暖气时代"只是把世界上经过几十年实践检验过的好的建筑技术整合、优化到了他们的锋尚国际公寓里边。但是这也是不错的创新。

图4-3 社区内部景观

图4-4 户外园林景观设计

图4-5 户外景观设计

第一节 锋尚模式：不是一两棵大树就意味着低碳了

链接

北京锋尚国际公寓中的遮阳设计

锋尚国际公寓作为北京及中国第一个实现了高舒适度、低能耗的建筑，已经成功地经过了冬季和夏季的洗礼。它的成功运行，标志着中国的住宅建筑在舒适、健康、环保、节能方面迈出了巨大的一步，正如开发商自己所说的那样，拉平了与欧洲50年的差距。

锋尚国际公寓的所有房间都采用了铝合金外遮阳卷帘（图4-6），它的使用使锋尚的制冷负荷降低了约70%，遮挡太阳辐射85%以上，并解决了安静、私密性和安全防盗。锋尚国际公寓的建筑立面是有生命的立面，它随着气候、时间的不同，每时每刻都在变化。如果把窗比作人的眼睛，那么遮阳卷帘就是眼皮。当夜晚休息时，闭上眼睛；当光线刺眼时，闭上眼睛；当想闭目养神时，就闭上眼睛。

锋尚国际公寓的阳台玻璃幕墙采用聚酯纤维电动遮阳卷帘，因其是高层建筑，产品设计考虑采用光控、风控来保证使用安全和舒适。遮阳产品的颜色质地充分考虑了与建筑整体的协调，会所采用铝合金遮阳百叶，可光控、风控，可调角度来确定进光量。

当光线强烈、太阳辐射量大的时候，铝合金叶片将自动旋转遮光。当风力超过设定风速时，遮阳百叶将自动收起。该产品技术含量高、遮阳避光效果好、与幕墙有机结合，给人先进技术产品的享受。

会所的侧门采用悬挑遮阳篷，既可当遮阳雨篷，又和正立面入口处白色膜结构相呼应。屋面上的天窗采用的是水平延伸的遮阳篷，其产品特点为自动光控、风控、雨控及遥控功能，是遮阳产品中的高档产品。

它解决了用户在使用过程中烈日当头、室内制冷负荷太大、光线刺眼等问题。遮阳篷按照设定的光的强度、风速、雨量，进行伸出、收回的调节。

锋尚国际公寓工程共使用了五种不同类型的遮阳产品，每种产品都最大限度地发挥了其自身的特点和功效。

图4-6　北京锋尚国际公寓的外遮阳实景

低碳地产先锋

锋尚国际低碳地产模式解密

04

锋尚要做低碳地产系统提供商和服务商

锋尚国际董事长张在东在2009年7月说:"我们的DOS系统是功在当代,利在千秋的,是祖祖辈辈都受利的,对国家、对个人、对发展商、对集体都是有利的。"

当很多发展商在接受金融危机的洗牌,为地产行情的波动而疲于应付时,张在东这位房地产行业的"异类"却语出惊人,要做房地产行业的DOS系统,把"告别空调暖气时代"提升到绿色环保顶级生活方式服务商和绿色环保建筑节能解决方案提供商两大创新发展主题。这位率先在全国实现零能耗住宅解决方案的房地产行业的先行者,获得了第十二届科博会自主创新风云人物大奖。

1. 告别空调暖气时代后势必要做平台

告别了空调暖气时代,锋尚国际该做点什么?张在东永远站在一个更高的水平线上看待行业,看待自己。锋尚在低能耗和零能耗住宅建设上已经取得了很高的成就,达到了国际水平,目前世界上仅有五家可实现真正的住宅零能耗。就像当年提出"告别空调暖气时代"语惊四座后,2009年7月张在东又说:"我们要做绿色环保的顶级生活方式。""做顶级生活方式服务商不是单纯地停留在技术层面,而是一种生活方式的提供,让消费者感觉他所居住的小区和传统小区是有区别的,是绿色环保的,所以他们会认同这种方式。"

从某种意义上理解,北京锋尚和南京锋尚已不仅仅是卖房子那么简单,而是一种大胆尝试,是在提供顶级生活方式的示范工程。锋尚国际成功了,在南京,锋尚已经成为城市的标志;在台湾,张在东计划建设台湾锋尚。张在东用一个又一个零能耗住宅的成功面市，用自己的行动告诉世人，锋尚的未来发展目标——顶级生活方式服务商和绿色环保建筑节能解决方案提供商，是可行的，也是必行的。

2. 自主创新和社会责任占据首要位置

在张在东的词典里，自主创新和社会责任是占据首要位置的。

（1）强调自主创新

锋尚国际做得专业，做出了品牌，多年来在节能减排方面的实践已经得到了社会的广泛认知。作为国内一家在节能减排做出杰出贡献的企业，英国前首相托尼布莱尔代表世界气候组织对锋尚国际进行了褒奖，2009年5月的联合国人居最佳实践范例奖，还有后来的科博会自主创新风云人物奖——锋尚国际不断在用实力告诉业界，做顶级生活方式运营商，不是一句空洞的口号，是用基础说话的。锋尚的创新之路是任重而道远的，在示范工程上锋尚已经告一段落了，锋尚接下来要做的是帮助更多的房地产项目来建设绿色环保的示范工程，让更多人受惠，入住到绿色环保的零能耗住宅里。

（2）强调社会责任

张在东的人生目标是为阻止气候变化和地球变暖，做一点贡献。他的一生都致力于节能环保和阻止气候变暖、地球变化这两个使命，他把自己的理想嫁接到房地产这个传统行业上来。很多房地产同行视他为异类，别人都成天在跑项目、拿地，他却是有所为，有所不为，他不是很看重土地储备。他把绿色环保的顶级生活方式提供给客户了，房子自然也就卖出去了，赚钱也是水到渠成的。当代节能置业一直在讲企业社会责任，透过顶级生活方式的推广，当代节能置业让更多的人住进绿色环保的房屋里，解决了节能环保方面存在的问题，是社会责任最实际的体现。

3. 做房地产行业里的DOS系统

DOS系统的出现给计算机的发展起到了跨时代的里程碑作用，当代节能置业董事长张在东的DOS系统将给房地产行业带来什么呢？计算机就好比当代节能置业的住宅，开始时是用计算机来编写DOS系统。北京锋尚和南京锋尚已经成功装上了DOS系统，当代节能置业下一步的发展目标就是卖DOS系统，不是单纯地卖计算机，锋尚不是做低端的计算机组件，简单的电脑组装。时下，很多发展商都在做简单的电脑组装，赚取差额利润。当代节能置业要做的是给开发商配房地产的DOS系统。全国开发商有"计算机"的，当代节能置业都可以帮之做DOS系统，当代节能置业大力推广自己的房地产DOS系统。

DOS系统是一个房地产项目的灵魂。DOS系统不光是指技术方面，还包括装修、物业服务、住宅质量上，都要提供给客户一种全新的生活方式。在设计质量上、在装修质量上，都要努力才能做好DOS系统。

当代节能置业做DOS系统对整个行业有什么样的影响呢？比如，有个楼盘销售业绩不佳，加了当代节能置业的DOS系统就变得好卖了。当代节能置业筹划DOS系统是酝酿了很长时间的，在此期间没有做太多推广，做南京锋尚项目时，当代节能置业已经开始启动DOS系统的推广。

当代节能置业未来的工作重心将转移到DOS系统的推广上。当代节能置业原来的DOS系统已做了多年的研发工作，基本上可以达到推广的条件了。当代节能置业DOS系统已经可以安装到全国的"计算机"里了，向各地的楼盘和发展商推广，来提升他们的附加价值。DOS系统的推广还包括当代节能置业的团队建设。建设一支过硬的队伍，把队伍派出去，当代节能置业才能保证这套系统，项目的阶段实施才会顺利。

4. 从做项目示范跨越到提供系统解决方案的服务

做房地产行业的DOS系统，不是所有人都可以做的。曾经很多软件公司都想做DOS系统，结果都失败了。锋尚国际做DOS系统是有一个长远规划的。房地产行业的DOS系统同高新技术一样，也是需要不断升级的。锋尚国际自己也在不断开发项目，但更多地考虑的是示范工程，是研发层面的问题。锋尚国际要做的就是把这个DOS系统写好，升级版也写好，然后提供给全国的项目，提高项目的附加值，让他们也达到锋尚国际节能减排的标准，更多人享受锋尚国际的顶级生活方式，住上绿色环保的好房子。

锋尚国际的发展速度，像开连锁店一样，向连锁店模式看齐。

在金融危机背景下，锋尚国际为什么顺势而上，要在这个时候推广DOS系统呢？应该说，金融危机带给锋尚国际很好的机会，这个时候房地产行业更需要这套系统来提升他们的附加值。在地产行业鼎盛时期，很多发展商做的是土地储备，只要有块地，就可以拿来卖钱。现在，金融危机来了，已经不是拿块地就可以赚钱的时代了，现在的风险变得更大了，在这种时候，锋尚国际的DOS系统应运而生。

5. 做DOS系统比作土地储备更有生命力

资本市场和房地产是一对姊妹花，锋尚国际的DOS系统，在资本市场上也闯出了一匹黑马。

锋尚国际的DOS系统的推出是遵循资本市场的一般规律的。在2007年底，香港很多的房地产IPO都给停了，在2007年10月前，香港很多房地产

图4-7　户外走廊设计

图4-8　透过室内的外景

企业都是靠土地储备募集了很多资金；2007年10月后这种时代就结束了，土地储备的历史已经结束了。金融危机给张在东的锋尚带来了"危机中的机会"，锋尚国际在金融危机中推广DOS系统，对锋尚国际的事业发展会有很大的提升。反之，做土地储备是有很大风险的，现在有许多临界地块，成本高、风险高，成本上去以后，如果产品价值得不到提升，是很危险的。就像很多上市公司提到存货减值准备，很多发展商买了地以后，已经在做减值准备了，并且已经开始亏损了，所以，他们更需要一些创新，把项目的价值加以提升。

在多年的发展中，锋尚得到许多政府科技部门的奖励、奖金，政府的科技部门、节能部门也希望通过支持锋尚的发展，把绿色环保小区在各地推广，在更多的地方建起来，对企业来讲是一种社会责任，对政府来讲，也有这个愿望。在地方政府的管辖区域安装了锋尚DOS系统的项目，也做了一件造福当地百姓的好事。

锋尚具有防御流行疾病作用的四大系统

锋尚国际开发的项目与传统方式有所不同，而且，以下几项措施对预防一些流行性疾病也有一定的作用。

1. 置换式新风系统带来的是健康的新风

这种新风是将室外引入的新鲜空气经过过滤、制冷（或加热）、加湿处理后由送风管道直接送到各户主要房间，然后通过回风管道集中排到建筑外部。整个过程室内空气没有回收、处理、再利用，完全是直流方式。

锋尚模式：不是一两棵大树就意味着低碳了 | 第一节

  而普通的中央空调系统为了降低采暖制冷负荷及能耗，一般采用混合式送风方式，即有75%的室内既有空气是重复使用的，只加入一部分新鲜空气满足人体需求。这样病毒就有被扩散的可能，因而是不安全的，在非典流行时期应该禁用。而锋尚的送风、排风无交叉和重复利用问题和串风短路现象，因而更安全、健康。在非典时期，又经常对过滤网进行清洗消毒，使得新风的质量更高，另外送风量达到1次／小时，超过目前国内住宅乃至五星级酒店的新风供应标准，因而锋尚彻底改善了塔楼通风不好的弊端，并具有预防"非典"的功能。

  置换式新风的主要特点是，以低于室内2～3℃的温度低速输入室内，在室内下部沉积形成新风湖，并靠重力作用流淌到房间的各个角落。这样新风与室内既有空气就会尽量不混合，遇到人体或发热的家电等就上升，人呼吸到的几乎全是新鲜空气，人呼出的气体向上排走，再呼吸新鲜的空气。这与传统的靠风机将新风吹到房间里与既有空气混合、对流、循环的方式有明显不同，在这种送风方式下，人呼吸到的是已经混合过的空气，人呼吸到的新风量的不同，对人体健康和预防疾病的好处也就会明显不同。

2. 干式厨卫设计有利于减少病毒的传播

  传统住宅的厨房、卫生间一般均设地漏，往往成为藏污纳垢的地方，是蟑螂、蚊虫孳生之地。如果一段时间不用，反水弯里的水封干涸或被排水管中的负压所破坏，就成了臭气的出气孔，不仅带来异味，还会将有害气体或病菌带出，从而影响居住者的身体健康。从香港淘大花园的案例可以看出，地漏和反水弯（即U形聚水器）等是此次非典传播的主要途径之一。当初锋尚不设地漏，曾有专家提出异议，认为不符合中国国情，今天看来确实有明显的优点，再加上选择的座便、洗脸盆均为深反水弯配置，有效地杜绝了此方面的病毒传播漏洞，符合人们对健康保障更高要求的趋势。

当然，要采用干式厨卫，对给水排水管线和安装的质量要求就更高，要保证长期不易发生跑冒滴漏等问题。

3. 给排水系统应与建筑同寿命

锋尚采用瑞士＋ＧＦ＋的聚丁烯（ＰＢ）管给水系统，无毒、不易老化，其国际合格标准为在70℃水温、10Ｂａｒ压力下可以连续使用50年，在通常低于此条件下的住宅项目上，可以达到与建筑同寿命的要求。该系统采用热熔连接，密封性好，无漏水的可能，也就减少被污染的可能。

ＨＤＰＥ排水系统，锋尚在国内首次采用瑞士ＧＥＢＥＲＩＴ高密度聚乙烯管路系统，该系统采用多项专利技术，具有隔声性能好、密封性能好、水阻小等优点，还具有良好的排气性能，支管与干管的连接方式独特，能减少支管的负压不易破坏反水弯的水封。该系统为同层排水方式，无支管或反水弯穿过楼板到下一层住户家里，也就避免了上层污物通过管线泄漏传到下一层，减少疾病的传播可能。而传统的排水系统因需穿过楼板，漏水的可能性大，所以一旦泄漏将会影响下层住户的健康。

4. 垃圾处理系统也是预防疾病传播的关键

越来越多的人认识到集合式住宅设垃圾道和垃圾简单袋装化并不是最佳处理方法，因为不能有效密闭处理及避免不了二次搬运带来对环境的污染问题，锋尚采用的分类处理方法比较有效地解决了这个问题。

食物垃圾处理器的配备，解决了最易污染环境传播疾病的食物类垃圾处理问题，而且省心省力、密闭性好。

图4-9 项目建筑外景

第一节 锋尚模式：不是一两棵大树就意味着低碳了

中央吸尘系统不仅可以清除家中的细小毛发、粉尘类垃圾，保障室内的清洁，也因可产生数倍于普通家用吸尘器的吸力，因而可以将一些吸附于地毯和家具、器物上的病菌吸走，减少人们被感染疾病的可能，具有独特的优势。

锋尚还在其他方面，如对63%绿化率的追求，来改善小区内部空气质量，设置游泳池等大量体育健身设施等的考虑，也对预防各类疾病、增强业主体质有着非常积极的意义。锋尚不是为预防非典而建，但在为人们健康方面的努力，终究会为抵御形形色色的疾病的传播而被证实是有效的。

图4-10 项目建筑实景

第二节 南京锋尚国际公寓深度调研分析

> 南京锋尚国际公寓的主要特色是以"建造健康"为理念,使室内温度常年保持在20~26℃,并设有24小时置换式新风,零能耗的六星级国际大宅;采用高新技术和环保材料,利用可再生能源使夏季制冷和冬季取暖不再依赖传统电力,真正实现环保、节能、健康的人居环境。

南京锋尚国际公寓的室内环境舒适度很高,能使人健康长寿。别墅将按业主的需求进行个性化定制,小区设保姆集中宿舍,一键式五星级酒店电话服务系统。

南京锋尚国际公寓概况

南京锋尚国际公寓项目区位优势明显,位于南京市中心明城墙下、护墙河畔的小桃园公园内。南临秦淮河,北临狮子山和绣球公园,距香格里拉大酒店以及即将落成的凯悦大酒店步行5~10分钟,周边交通便捷,距新街口大街20分钟车程。

项目地处南京市"狮子山-清凉门"风光带中段,南接风光秀丽的秦淮河,东临保存完好的具有600多年历史的古城墙。隔护城河、古城墙和八字山相望,山上长满了多年古树,绿树成林枝繁叶茂,是南京市内具有"山水城林"景观的第一流的几块绝版地块之一。附近地区配套设施齐全,有南师附中、附小、南京艺术学院和南京医学院第二附属医院等。

项目用地总面积为197431.8m^2,其中建设用地53290m^2,其余约3倍于建设用地的面积为绿化和河道保护用地。形状大致为沿城墙和护城河600m长的一个狭长地块,中间有一条规划道路,将项目分成南北两个地块,容积率为0.9。每户均享有2000m^2林木覆盖面积,住户可享有大量负氧离子和自然景观。主力户型建筑面积分别为:首层公寓建筑面积:272m^2(含采光地下室70m^2);平层公寓建筑面积:212m^2(含阳台4.35m^2);LOFT公寓建筑面积:309m^2(含跃层95m^2)。

别墅采取现场定制方式,既根据客户要求在提供的图纸中选定后再施工。

除以上外,配套附属用房的建筑面积分别为:物业管理用房:236m^2;幼儿园:1217m^2;健身俱乐部:1398m^2和地上机动车停车位60个。

产品具有四大低碳特色

作为人性化住宅代表,南京锋尚国际公寓不仅是中国第一、世界第五个"零能耗"住宅项目,而且还在节能、环保、健康、细节、服务等方面进行了全方位的创新和实践。

南京锋尚国际公寓的项目定位是"零能耗六星级"品质楼王,用汽车来作比喻,就是要做房地产行业的"宝马";用酒店来作比喻,就是建

低碳环保

在能源越来越紧张的今天,开发、使用新能源也是重要的节能手段,太阳能、生物质能等新能源的市场前景都被看好。

设的国际公寓超过五星级酒店的舒适节能环保和精装修标准。锋尚以建设"告别空调暖气"的节能环保房屋为宗旨,利用可再生能源,使夏季制冷不用传统电力。锋尚推崇精制建造,卫生间的瓷砖全部是整砖并与卫生洁具对中;除精装修质量外,在建筑科技上还设有卫生间墙排水系统(根除卫生间异味)、健康置换式新风系统(预防空调病)和垃圾处理系统等八大子系统。

锋尚国际的建筑风格是"先锋、时尚",简约中透出"酷"的痕迹,建筑外观为浅米色花岗岩点缀深灰黑色金属组合干挂,外挂面和混凝土结构墙之间为保温隔热空气幕墙。

特色1:人性化与稀缺自然和历史文脉的沉淀

对于人性化住宅的定义,锋尚国际董事长张在东这样诠释:"人性化住宅是指按照尊重大自然生态和人类历史文化,采用现代建筑科技手段,既节约资源又提高居住舒适和健康的方式建造的住宅。推崇'住宅的哲学主体永远是人',对人的细微和潜意识需求进行无微不至的呵护,同时尊重人与自然的和谐相处。"它涵盖了节能住宅、环保住宅、绿色住宅、智能住宅、健康住宅、生态住宅、科技住宅、文化地产、豪宅等市场上流行的所有住宅概念的全部优点,是人类居住环境的理想状态。建筑节能是人性化住宅的必要条件而不是充分条件,即做好建筑节能后离人性化住宅还有很大距离。

海德格尔说"人充满劳绩，但还诗意地栖居在大地之上"，生活在质朴的自然和瑰丽的文明沉淀里，像瓦尔登湖畔自由快乐的梭罗，像陶渊明悠然见南山。

南京锋尚国际公寓位于小桃园地段，河对岸为600多年历史的明洪武二年(1369年)修建的京城城墙遗址。隔护城河、古城墙相望，山上长满了成年古树，绿树成林枝繁叶茂，是南京主城区具有"山水城林"景观的唯一绝版地块，自然资源和人文积淀不可再生。户均享有2000m^2林木覆盖面积，驻户可享有大量负氧离子，有益身心健康。

六百年明城墙文化，绝版诗意桃花源，包涵吴越，藏金陵王侯霸气，积淀六百年博弈传奇，是海德格尔"诗意的栖居所"，是陶渊明的"桃花源"，还是"内圣外王"刚柔并济的皇城气度？桃园虽小，难以尽阅。

特色2：应用多项"零能耗"建筑技术

和谐环保的"零能耗"建筑技术是人性化住宅的发展趋势。

所谓"零能耗"，是国际学术界一专有名词，指建筑在实现"低能耗"的基础上，补充太阳能、风能和浅层地能等可再生能源，达到节约或者不用传统化石能源的目的。在世界绿色建筑浪潮当中，"零能耗"为人、建筑与环境和谐共生寻找到最佳的解决方案。另一方面，"和谐环保"也正在成为全世界成功人士共同追求的生活理念，如Google的创始人之一亿万富翁塞吉·布林、全球媒体大亨鲁伯特·默多克的小儿子、英国天空广播公司的首席执行官詹姆斯·默多克、英国维珍公司老板理查德·布兰森等，他们更喜欢背太阳能帆布背包、使用环保燃料和住节能环保住宅等。

南京锋尚国际公寓是中国第一、世界第五个"零能耗"住宅，除此之外，仅有美国的达拉斯、英国伯丁顿、荷兰安特鲁尔、德国佛莱堡拥有该技术。南京锋尚国际公寓是在86场技术研讨会的基础上诞生的，来自世界各地的专家献计献策,为锋尚实现"零能耗"技术奠定了坚实的道路和实践基础。

特色3:高舒适度的生态健康系统

高舒适度的生态健康系统是人性化住宅的最核心标准。

有些开发商为了抢进度在混凝土里添加膨胀剂、早凝剂、防冻剂,墙体会慢慢释放出来致癌的甲醛、超浓度时将立即导致死亡的氡,令血压升高、头晕、头痛、耳鸣、眼花的二氧化碳,还有一氧化碳、氮氧化物、烹调油烟、烟草烟气等,"家"这栋建筑物自身变成了污染源。世界卫生组织研究表明:头晕乏力、记忆力减退、免疫力低下的根源是劣质装修材料,严重者将导致白血病和恶性肿瘤。

南京锋尚国际公寓提供的是全方位健康住宅方案:装修材料达到国际环境管理体系ISO14000标准;混凝土采暖制冷系统保证室内恒温20~26℃,告别传统空调暖气;中央吸尘系统可以有效地去除居室内粉尘等容易使人发生过敏现象的过敏源,同时避免普通家用吸尘器的二次扬尘污染;置换式新风系统能不断地补充新鲜空气,同时及时带走室内家具等装修材料中散发出来的VOC等有害气体,使居室环境始终清洁健康。

特色4:摒弃浮华回归人文的建筑艺术

看不见浮华,正是价值所在。人性化住宅建筑是新的"文艺复兴",摒弃了盲目追求浮华外表的建筑,使建筑的风格与业主品味完美融合。

南京锋尚国际公寓建筑配风光雨控电动遮阳系统的天窗,夜里可以透过天窗数星星。建筑外观为浅米色花岗岩点缀深灰黑色金属组合干挂,外挂面和混凝土结构墙之间为保温隔热空气幕墙。园林为自然的北欧风格,首层住户有采光地下室和60m²带英式小木屋的花园。为关爱社区中的老人和儿童,投巨资建设地下车库,防水工艺采用北京中国银行金库做法。

03

产品设计及创新要点

南京锋尚国际公寓之所以能实现"零能耗",非常重要的一个原因是在规划设计层面有较大的创新,其设计理念是超前的。

1. 设计的总体思路

通过规划布局,创造好的自然通风条件;通过设有流动空气层的干挂幕墙、外窗设遮阳设施、使用隔热铝合金门窗、安装Low-E玻璃等技术提高建筑物围护结构的保温隔热性能降低夏季制冷负荷;通过选择高效节能的采暖制冷系统,降低使用能耗和提高舒适度;通过玻璃采光天井等建筑方法给地下空间提供自然通风与采光减少建筑物对电能的消耗。利用太阳能光伏发电、地源热泵直供等可再生能源技术,为建筑物补充采暖制冷系统所需的微能耗,达到夏季不用电力等传统化石能源进行制冷的目的,实现"零能耗"。

2. 设计方案九个要点

外墙外保温、开放式幕墙研究、窗洞口节点保温、外遮阳设施选择与安装、顶板辐射采暖制冷与系统运行、毛细管设计与安装、太阳能并网发电、地源热泵直供、置换式新风、中央吸尘等设计方案。

要点1:项目建筑外墙采用外墙外保温开放式干挂石材幕墙,外墙总设计厚度为360mm,其中保温层厚度为100mm,保温层与外饰面之间设有

图4-11 技术人员在检测

流动空气间层，幕墙体系具有良好的保温性能、隔热性能，并且能够及时有效地排放建筑物的湿气，防止墙体发霉（图4-12）。

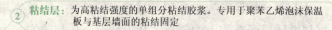

① 基层：砌块及多孔砖等砌体墙、混凝土墙、粘结性实验合格的其他材料墙体

② 粘结层：为高粘结强度的单组分粘结胶浆。专用于聚苯乙烯泡沫保温板与基层墙面的粘结固定

③ 保温层：高标准阻燃型的EPS保温板

④ 锚固件：根据工程情况，在必要时辅以国际一流的高品质锚固栓

⑤ 抹面层：集抗裂、保温、保护为一体的外保温轻质抹面浆料

⑥ 网格布：高强度耐碱网格布保证了保护层的抗冲击强度与抗裂效果，确保系统安全可靠

⑦ 饰面层：柔性腻子与弹性涂料相结合的薄质涂料或柔性仿瓷砖、仿石材的厚质涂料外饰面等

图4-12 外墙外保温结构示意

要点2：室外门窗选用断热铝合金型材，玻璃采用Low-E玻璃，能防止室内热量散失和门窗玻璃结露。

要点3：全部外窗装有铝合金电动遮阳卷帘，遮挡太阳辐射热，防止夏季过多热量摄入室内，同时安装了遮阳卷帘的房屋私密性、安全感比普

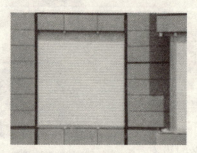

图4-13 铝合金电动遮阳卷帘

图4-14 毛细管顶棚辐射方式采暖制冷

通住宅更好（图4-13）。

要点4：选择毛细管顶板辐射方式进行房间内采暖制冷（图4-14），这是一种在结构楼板下部敷设毛细管路，水作为热量的媒介在毛细管中循环给室内带来冷量和热量的采暖制冷方式，同北京锋尚采用的埋设在楼板内的PB管方式一样，室内看不到任何采暖制冷设施的末端，即"告别空调暖气"，室内温度分布均匀，没有噪声和吹风感。

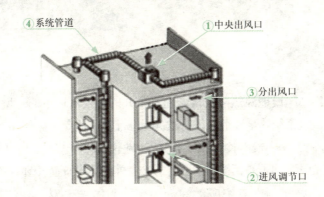

图4-15 置换式新风系统

要点5：房间内地板上设有送风口，卫生间设回风口，各房间通过门楣上方预留的消音通风口以平衡和保证各房间的风量，采用置换式新风系统（图4-15），冬夏季24小时送新风，标准超过五星级酒店新风又节能舒适，新风机房设于楼座地下。新风送入室内前要经过净化、调节湿度、预热（冷），可以使室内空气品质得到提升，并且能带走室内家具装修等散发出来的有害物质，保障人们的健康。

图4-16　地源热泵原理示意

要点6：小区设地源热泵机房，通过打井的方式从地下的土壤中取得热（冷）量，经过系统热泵机组提供给建筑物进行采暖制冷（夏季制冷直供）。小区内没有锅炉房、没有冷却塔、没有空调室外机等，不会向环境中排放CO_2、SO_2、噪声、可能被污染的水汽等影响室外的环境质量（图4-16）。

要点7：采暖制冷系统所需的动力由太阳能光伏发电系统提供（图4-17）。公寓和别墅的屋面设计为坡屋顶，根据南京地区日照角度设计为37°，以供太阳能光电板最大效率的发电。

图4-17　太阳能光伏发电

要点8：地下设中央吸尘系统机房（图4-18），管路在土建施工时预埋，每户留有吸尘器末端插口。系统投入使用后，住户清洁卫生变得很简单，避免了普通家用吸尘器的二次扬尘和噪声污染，减少了居室内灰尘等过敏原，保证了室内空气品质和人们的健康。

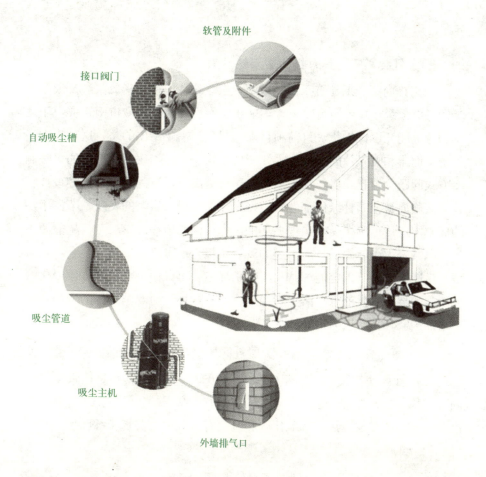

图4-18 中央吸尘系统示意

要点9：对客户在户型、空间、安全、私密、健康、节约、环保、节省时间、社交、时尚、艺术、文化等需求综合分析，确定小区合理的规划与布局。

3. 项目设计结果（包括社会影响、可量化的生态影响、经济指标）

（1）社会影响：具有极为重要的意义

南京锋尚第一期建筑采用的地源热泵系统、置换式新风系统及太阳能光伏发电系统自投入运行以来，运转正常，证明在火炉城市南京实现了夏季制冷零能耗设计构想，目前项目陆续封顶。需要指出的是，这种告别了传统空调器和暖气片的"低（零）能耗"房子，绝不仅仅是房子的采暖制冷方式问题，她意味着"高舒适"，这种"高舒适"同时要求规划设计、建筑装修质量、园林绿化都做到最好，才能形成"质"的飞跃，节能增加的成本才能被市场接受，实现循环经济中广义的节约。发展可再生能源不仅可以减轻由于能源进口所引起的资金负担，还可以保障能源安全；发展可再生能源有利于调整能源结构、保护环境，可以使全球减低气候变化的风险；发展可再生能源可减少对当地资源的破坏，对我国这样的资源如此紧缺的国家，具有极为重要的意义。

（2）可量化的生态影响：实现社区居民与环境的和谐共存

在向社区住户提供了一年四季20～26℃的舒适温度和臵换式新风的同时，整个社区没有一台空调室外机，没有一台锅炉，没有一座冷却塔，没有向大气中排放废热、二氧化碳和其他有害气体，实现了社区居民与环境的和谐共存。

（3）经济指标影响：创造了增值利润

此项目如果开发成为普通住宅项目，总销售收入约50000万元，当开发为锋尚这样的高端节能环保住宅项目，总销售收入约103000万元。按项目销售利润率约为10%计算，实现增加利润5000万元。此项目如开发成为抵挡住宅项目，总税收约为5000万元，开发为锋尚这样的高端节能环保住宅项目，创造税收为10000万元，实现增加税收5000万元。

04

项目特色及创新实景欣赏

项目建筑设计由瑞典阿肯设计事务所主持，建筑风格简洁大气，充分融合南京的城市文化和城市底蕴。

图4-19　小区专用自行车道

图4-20　门及户外景观的设计

第四章 Chapter four
锋尚国际低碳地产模式解密

图4-21 项目住户入口设计

图4-22 项目的外窗

图4-23 售楼部外观

图4-24 优雅的水环境

图4-25 锋尚国际公寓售楼部前台

南京锋尚国际公寓深度调研分析 第二节

图4-26 售楼部内部设计

图4-27 简洁的电梯间

图4-28 售楼部通向样板房走廊的设计

图4-29 电梯间外景

图4-30 门上方的室内排气系统

图4-31 室内的空气回流系统

图4-32 室内窗户及灯光效果

锋尚国际低碳地产模式解密

图4-33　400mm厚的墙，四层特殊处理工艺　　图4-34　卧室的设计1　　　　　　图4-35　卧室的设计2

卧室窗户的设计，透过窗户可以欣赏到南京城墙的景观，有着"清明上河图"的效果。

图4-36　透过室内看窗外的效果

第二节　南京锋尚国际公寓深度调研分析

图4-37　室内入口设计

图4-38　客厅的设计

图4-39　客厅的设计

图4-40　餐厅的设计

图4-41　厨房系统的设计

图4-42　书房的设计

第四章 锋尚国际低碳地产模式解密

锋尚洗手间的瓷砖的对缝处理的非常完美,瓷砖每一块都很完整。

图4-43 洗手间

图4-44 卫生间的设计样板实景

图4-45 复式结构楼梯

图4-46 楼梯的细部

南京锋尚国际公寓深度调研分析 第二节

图4-47 客厅的设计

图4-48 天窗的设计

图4-49 楼道间的设计

图4-50 过道的设计

图4-51 楼梯的细节

图4-52 每户都有的小木屋,突出社区的和谐

图4-53 太阳能节能设施

当代节能低碳地产 MOMA模式

当代节能置业股份有限公司，是一家专业化、职业化、跨区域的综合房地产开发企业，当代MOMA建筑群是当代地产科技、节能、环保主题地产的延续和发展。自2003年开始，当代节能转向环保节能住宅方向，先后在北京、长沙开发了万国城MOMA、MOMA万万树为代表的绿色住宅，产品持续热销，也获得了众多荣誉。

多年来，当代节能置业始终坚持科技地产的道路，体现了企业可持续发展的社会责任感，在企业持续经营的同时，身体力行推广节能环保的价值观，为消费者提供高舒适度低能耗的住宅产品，也为社会节约了资源。

第一节 当代节能低碳地产模式总结

从2002年开始,当代节能置业便开始研究和探索建筑节能的相关技术,并一直致力于为社会大众提供舒适而节能的住宅产品。当代节能置业开发的所有项目,其建筑节能标准均远远超过北京市规定的65%的建筑节能标准。

MOMA系列开创了独特的低碳地产商业模式

可以说,当代节能置业在开发完一系列的MOMA低碳地产产品后,已经形成了其独特的商业模式,其低碳地产开发之路已经显著地烙上了"MOMA"之印。

当代节能置业的绿色建筑开发实践,也为发展中国家绿色建筑开发提供了可供借鉴的经验。在绿色建筑还未成为主流、大多数消费者还未意识到节能环保的重要性,而且政府对绿色建筑开发也很少有直接补贴的市场环境下,当代节能置业把高舒适、高品质的住宅与建筑节能结合在一起,开创了一条舒适而节能的地产开发商业模式，其MOMA系列住宅产品受到了业界广泛的认可和赞誉，也得到了高端消费群体的青睐。

至2009年初，当代节能置业已完成的节能住宅项目达60万m^2，在建的节能住宅项目达40万m^2，近期即将开建的节能住宅项目达100万m^2，是中国最大的节能地产开发商之一（表5-1）。

当代节能环保住宅一览表　　　　　　　表5-1

项目名称	地址	占地面积（m^2）	建筑面积（m^2）	荣誉
万国城MOMA（3、12号楼）	北京市东城区香河园路1号	8051	60514	首次在中国提出"恒湿恒温,科技住宅"
当代MOMA	北京市东城区香河园路1号	60004	213032	2006年世界七大建筑工程奇迹——美国《大众科学》2007年世界十大建筑奇迹——美国《时代》周刊2008年可持续发展建筑奖——美国纽约建筑师协会评
MOMA 万万树	北京市顺义区高丽营镇镇中心区	183160	99957	国际住协绿色建筑奖示范项——国际住宅协会（IHA）
上第MOMA	北京市海淀区西三旗清河南库	64455	193653	北京优秀建筑节能示范项目2005年最值得购买楼盘2005~2006年中国房地产年度最具品牌价值名盘
POP MOMA（8、9、10号楼）	北京市东城区香河园路1号	13606	90313	
万国城MOMA（长沙）	湖南省长沙市开福区综合农场	345620	997201	2007年建设部建筑节能与可再生能源利用示范工程

低碳环保

秸秆综合利用技术总体而言已经成熟，但由于运行成本较高、工艺流程不完善等原因，目前尚未实现大规模有效利用。

应用了多项科技手段开发低碳地产

蠢立于北京东直门外的当代MOMA建筑群，以其特有的建筑外形和独具完美功能的城市社区形态和生活模式，在很长一段时间内受到社会的关注和追捧。究其原因，主要在于MOMA系列产品蕴含了当代在建筑结构节能、设备效能节能、新能源硬件和建筑使用节能软件等方面的诸多创新。

1. MOMA系列低碳产品应用了多种新技术材料

具有"年世界十大建筑奇迹"美誉的当代MOMA建筑群，在高舒适度、微能耗的基础上，坚持可持续发展理念，大规模使用建筑科技领域的最新技术和材料，包括顶棚辐射制冷和采暖系统、全置换式新风系统、外遮阳系统和地源热泵系统等，再加上优质的建筑维护、恰当的隔热功能和优化的玻璃品质等，使当代MOMA建筑群成为中国名副其实的科技主题地产巅峰之作。

2. 当代节能拥有20多项低碳开发国家专利

科技地产离不开自主创新和研发，当代集团不但拥有自己的研发中心，而且还拥有自己的建筑设计院，目前已拥有20多项国家专利。

第一节 当代节能低碳地产模式总结

以极其严格并且详细的标准化推进低碳地产开发

当代节能所做的标准化努力,为其低碳地产项目的开发提供了坚实的基础。

可以肯定地说,如果没有良好的标准化,当代节能的低碳产品不可能取得如此令人瞩目的成绩,标准化极大地推动了当代节能的低碳地产开发。

当代节能置业是一家节能型的、综合性地产企业,涵盖了从上游到下游的整个价值链体系,包括研发设计、工程承包、经营开发和五心服务等整个环节,从前端设计直到最后为客户提供优质产品和超值服务的一系列的、全方位的服务体系。

1. 能够实现标准化生产的地产企业并不多

众所周知,在一个房地产企业的构建中,就单独的产品生产来说,房地产这种产品与其他产品的要求和做法不太一样。比如说一种产品,一种方法全是由自己批量生产并合格检验;另一种方法就是自己制定标准,然后外包出去,让所有的供应商按同一个标准生产产品。从国内房地产企业的现状来看,能达到标准化生产的企业并不多。

2. 要实现工厂化,首先需要实现标准化

一些企业采用的是工厂装配式生产模式,在20世纪70年代,这种拼装式的模式被大规模地推广和应用,这种生产模式的好处表现在既可以大规模地进行组装,又可以大幅度降低成本。同时,这种拼装模式也带来一

低碳地产先锋

定的弊端，随着社会需求的提高，相对较小的变通性和客户所希望的开间分割灵活性的矛盾凸现出来，成为一大现实问题。在这个工厂化过程中，当代置业管理层注意到一个问题，那就是不可避免地要经过标准化这个重要环节，即要实现工厂化，首先需要实现标准化。

3. 跨过工厂化，直接做标准化

在国内，有人提出：不去做工厂化，就直接作标准化行不行呢？当代节能置业认为这完全可以。当代节能置业走的是标准化——模块化——产业化的制造道路，和很多企业一样，是从大的设计环节开始，涉及立面、开间、尺寸甚至小的空间等很多细节之处着手，比如井道的尺寸、井道构造和电梯载重量等，再逐渐扩展到相关部品，当代节能是采取制定详细标准的方法推进标准化工作。

4. 标准化取得了初步的成效

通过多年的努力，当代节能置业逐渐制定了一些标准，尽管这些标准可能还不太完善，但是至少这标准还是比较客观和实用的。

比如一把锁，是不是能达到当代节能的标准，除了检测它的内在质量外，更重要的还要看它的安装效果、客户观感等方面的内容。有人会问，为什么同样一种产品在国内外生产后的质量却完全不同？主要原因就是国内外的标准不同，而国外的标准更细、更精确。

20世纪80年代，有这样一个故事：法国人说，生产一个汽车方向盘需要17道工序。中国人当时就很奇怪，在中国这只有6道工序，你们为什么要这么多呢？于是，不相信，打开法国人的加工工艺图，发现确实是17道工序。其实，这说明了产品品质的最大差别在于标准不同，在于工艺管理的精细化程度不同。实际上，同样一种产品，当对它的工艺和管理程度要求不同时，就会表现出完全不同的产品品质和截然相反的经济效益。

5. 实施的是极其详细的标准化

当当代节能置业不仅仅把一把锁当作是一把锁，而是当作给客户提供超值服务的产品的时候，它本身所具有的价值和品质就完全不同了。当代节能置业从一把锁的观感、手感、加工工艺、平整度、产品的寿命和成品保护等这些细节点上制定详细的标准，让客户明明白白感知到产品的不同。而这些标准在现行国家标准上是无法看到的。

当打开一把锁的锁体，在外观都一样的情况下，里面如果飞边毛刺、油污横飞时，这说明厂家只作了一些表面文章，工艺控制混乱，这样的产品，当代节能置业是绝不会选择的。在产品这些部位，当代节能置业的客户尽管不了解，但是一定会影响产品寿命和产品品质。当代节能置业是不遗余力地采用显微镜式的方式，确保产品品质，让产品经得起客户的推敲和考验，因为这些部位都是和客户的利益密切相关联的。

6. 当所有的产品都按同一个标准生产时，效率就会大大提高

有什么样的工艺，可以既简单又有效地、精密地将一把锁的功能展示出来呢？只有标准化生产才能达到。仍以一把锁为例，设定好当代节能置业需要的标准和尺寸，然后让供应商按照这个标准去生产加工，生产出来的产品质量也就没有什么不同了。当当代节能置业所有的产品都实现了批量化、标准化、集约化生产时，就既保证了产品的品质，也提高了生产效率。

当所有的产品按同一个标准生产时，效率就会大大提高。因为一个工人一天看一张图，和一天看10张图的效率截然不同。标准化最直观的体现，就是既保证产品实现批量生产，又提供高品质的产品；另一方面让客户详细、直观了解产品和要求，让供应商及时有效地了解和改进产品缺陷。保证产品质量、提高工作效率、降低成本、花小钱办大事，这是标准化的最大好处。在标准化的实践过程中，当代节能对这些标准进行了不断的完善和改进，逐步缩小各种差距。

04

标准化比国家标准更全面、更细致、更实用

在建筑领域，国家标准太广泛。比如防水标准，国家的标准具有一般性和通用性，会有很多的节点，涉及的面很宽、很广，但是对当代节能置业不适用。

当代节能置业只需选择与其产品有关的节点去深化和细化标准。某合作企业的构造图集标准比国家标准要高，但是有一些对当代节能置业来讲仍然还用不上，需要针对为其产品量身定做的图集。当代节能置业把所有的节点都写进了标准图集里，其不仅仅是一本图集，更重要的是与该产品相关的标准原则、标准节点、标准照片、施工工艺、技术参数、成本分析、缺陷反馈七大部分内容均完整体现出来。当代节能置业引用了ISO管理体系的持续改进的工作方法，涉及从设计到施工到售后服务的所有环节，不断改进，持续更新。

当代节能置业标准化图集的参编单位是其优异的专业合作供应商，从产品的设计源头把关，为客户提供高品质的住宅项目和产品。正是基于这一点，很多供应商也非常愿意与当代合作，当代也愿意与任何这样负责任的企业合作。

推出了MOMA系列产品的四大系统二十子系统

当代节能置业推出的节能技术标准体系都有哪些？具体应用在那些项目上？效果如何？

当代置业从节能降耗、可再生能源和自然能源利用等七方面，采用了包括"外围护节能"、"设备节能"、"新能源利用"、"能源利用智能控制系统"四大系统二十子系统。这些系统达到了ISO 7730国际舒适热环境标准中最舒适热环境的评价指标，能耗仅为国内普通住宅达到同等舒适度所需能耗的1/3，节能标准达到85%，远低于北京市节能65%的标准。

1. 在节能方面应用的低碳技术

在节能方面，采用恒湿、恒温系统，使室内温度保持在20～26℃之间，室内相对湿度保持在30%～70%之间，室内声环境控制在35～45分贝之间。

2. 在外保温系统方面应用的低碳技术

在外保温系统方面，国家标准要求北京地区外墙外保温K值达到0.9左右，而当代节能置业采用12cm厚的高效EPS外保温板，外墙K值可以很轻松实现0.36以下；外维护系统中门窗能耗占到50%左右，北京地区要求外门窗的K值控制在2.7以内；当代节能置业的内部控制标准是K值控制在1.8以内，采用了用充惰性气体的中空Low-E玻璃，断桥隔热铝合金窗；屋面K值保温设计国内要求0.4左右，采用10cm厚的XPS保温板，而当代节能置业已经做到了K值0.23，采用了厚达20cm的XPS保温板。

当代节能低碳地产MOMA模式

3. 在通风系统方面应用的低碳技术

在通风系统方面,当代节能置业的全置换式新风系统新风量控制在300m³(小时·户),确保住户随时能够呼吸到新鲜而安全的空气。

这些节能标准和技术已经成功应用于:当代MOMA、万国城MOMA、POP MOMA、上第MOMA、MOMA万万树等项目,在万国城MOMA(长沙)和万国城MOMA(太原)等项目上,当代节能置业将继续采用这些节能技术。

创新性使用复合功能概念的规划设计

当代节能置业在低碳地产开过程中,采用复合功能概念的规划设计,取得了很好的效果。下面以当代MOMA为例进行说明。

当代MOMA通过环状的空中连廊将8幢建筑连接在一起,加之一栋艺术酒店与一座多功能水上影院,构成一个立体的建筑空间。建筑之间的空中连廊会所为社区创造了更多的邻里交往的空间。在16~18层的高空将8栋建筑环连成一个整体,除了视觉冲击外,还具有丰富的使用功能,包括游泳馆、健身房、咖啡厅、酒吧、画廊、图书馆和小型社区聚会场所等,为社区居民提供便利服务。多厅艺术影院位于社区建筑的围合中心,既是居民聚会的场所,也是建筑艺术造就的视觉焦点。

图5-1 当代MOMA沙盘模型

当代节能低碳地产模式总结 第一节

整座建筑漂浮在浅浅的映水池上，外墙上可以放映广告片花，巧妙地建筑设计师使其具有很高的结构效率，空间功能与建筑造型得以完美结合。影院一层完全架空，将空间留给社区，透过观众休息厅的玻璃幕墙便可以看到室外景色。

当代 MOMA 是纽约哥伦比亚大学教授 Steven Holl 花费 10 年心血潜心研究的成果，项目规划概念是 BEIJING LINKED HYBRID，在建筑艺术方面充分地发掘城市空间的价值，将城市空间从平面、竖向的联系进一步发展为立体的城市空间。当代 MOMA 也是当代置业科技主题地产的延续与发展，在万国城 MOMA实现"高舒适度、低能耗"的基础上，更大规模地使用了可再生的绿色能源。从可持续发展的观点出发，当代 MOMA 适当的高密度(强度)开发利用土地与大规模使用可再生的绿色能源是大城市发展的方向，是真正"节能省地型"项目。

在当代 MOMA 的规划设计中，更多地考虑了未来城市的生活模式，引入了复合功能的概念，实现开放功能的城市社区，在这里不单是居住功能，而且能够和谐地工作、娱乐、休闲消费和交通，作为一个汇集精品商业与国际文化的开放社区，充满生气与活力。

图5-2 当代MOMA设计效果（局部）

图5-3 当代MOMA设计外观

07

把科技融入生活的低碳地产开发理念

当大部分开发商还处在怎么盖房子、怎么设计户型的地产开发初级阶段时,当代节能置业已经在思考如何将空间节能技术融入普通人的日常生活中。

当代节能置业深知,人对房子的需求早已过了简单"居所"时代,居住空间不应该只满足"居住"的功能,而应该承担起"使居住更舒适"的可持续发展的地产更高命题。

以当代置业(湖南)公司为例。当代置业(湖南)公司为当代节能置业下属子公司,其秉持"科技建筑美好生活"的企业理念,于国内除北京之外的异地开拓先锋,率先来到长沙。经过3年多的扎实积累,已经成为长沙品牌企业的代表之一,同时也是一家把科技融入生活、把品位、品质、品德理念真正落到实处的企业。科学化度量、人性化设计、精工化建造,当代置业(湖南)公司凭借其雄厚的企业实力与超前的企业理念,第一次在湖湘大地举起了科技地产的旗帜。

1. 在将科技融入生活的同时,印上当代出品的印记

房地产作为一个极其特殊的行业,更需要对产品品质精雕细琢,因为人们不仅仅是购买房子,更是构筑一个"家",极其细小的缺陷都可能对生活产生很大的影响。当代置业深知只有拿出品质过硬的产品,才能让购房者对品牌产生信任感,因此对自己出品的产品要求到了极其苛刻的地步。

当代置业所有的楼盘方案均出自国内外著名设计师之手。一名设计师的生活品位和生活态度对他的作品具有极大的影响,当代置业希望能把最

环保不再是政府关注的问题、企业头痛的难题,而是企业走向基业长青的必由之路。于是乎,低碳、节能、环保房便应运而生。

卓越的生活品位和健康的生活态度带到全国各地。

例如,在长沙万国城MOMA建筑规划设计之初,当代置业邀请了英国节能建筑创始人比尔·登斯特先生作为建筑节能顾问进行规划设计。一期建筑不是中规中矩的正南朝向,而是以南偏东12°的方向进行建筑布置,同时建筑间天际线也是错落设计。经过反复地地理风向试验,这样的规划顺应夏季主导风向,自然风就能顺畅地导入社区并形成对流,提高社区居住舒适度,使社区的平均温度比市中心低3~5℃。

2. 以科技地产推动MOMA品牌化进程

对自然、对城市、对居住者以及未来的子孙后代,到底要建造什么样的建筑,才是他们需要的建筑?

这是当代节能置业集团一直思考的问题。人对房子的需求,首先是有个地方住,其次是面积大一点,装修好一点,这些大多数开发商已经能够做到。但回归到居者本身的需求上来——对舒适度的需求还远远没有达到。所以,当代节能置业的房子怎样能比别的房子住起来更舒适,达到人们生理上的最高需求呢?

从一个比较小的角度入手,比如居住在一个温度和湿度相对都比较恒定的环境,是更加舒适的,在目前状况下,只能通过科技手段来实现。这就是当代科技地产的由来,也就有了MOMA恒湿恒温的系列科技建筑。

谨慎但不盲目地扩大低碳地产市场份额

当代节能置业是一家以房地产为主力的综合性企业集团,集团公司已经下设北京东君、当代房产、澳新纪元、北京新动力、山西红华房产、山西红华置业、当代天启、湖南置业和首都设计共九家子公司。

1. 战略定位于为广大消费者开发舒适而节能的房地产产品

当代节能置业战略定位于为广大消费者开发舒适而节能的房地产产品，也由此取得了显著的成绩。

然而，对于北京以外的市场，尤其是未来的长沙市场，当代置业的管理层保持谨慎乐观的态度：多个行业巨头也可能在城北有大的动作，这也是他们看好城北片区发展前景的表现，这也将加剧城北市场的竞争。

当代节能置业管理层认为，地产行业不仅是一个资本竞争的行业，也是一个人才竞争的特殊行业。当代置业集团要客观地认识自我，努力追求品位、品质、品德的理念，以谨慎乐观的态度，促进资产价值与品牌价值快速成长。

2. 通过复制MOMA进一步推进低碳地产开发

做科技地产让当代节能置业在北京市场上名利双收。然而，要把这个成功的模式原版复制到长沙市场，摆在当代节能置业团队面前的是重重困难。

首先是市场认可的问题。在北京，绿色环保节能材料和建筑等概念早已深入人心，人们接受起来很容易。而在长沙，做科技地产的企业寥寥无几，虽然近年来政府也在宣传和提倡低碳地产，但是要改变市民的观念，培育这样一个市场，需要一个很长的过程。

其次是成本投入和回报率的问题。如果完全按照北京当代MOMA的标准，当代节能置业需要比原先传统的产品增大30%以上的投入。但在长沙，市场能接受的价格底线非常有限，于是，将万国城MOMA的建筑方案进行了适当的调整，采用逐步提高科技附加值的做法，在市场逐渐成熟的同时，万国城MOMA的产品也在升级换代中。

当代MOMA低碳价值深度分析 | 第二节

当代MOMA全称为当代科技建筑艺术馆,英文释义为Museum Of Modern Architecture,是建筑科技与建筑艺术的完美结晶。

图5-4　当代MOMA效果图

工程设计灵感来自法国绘画大师马蒂斯的名作《舞》,以穿越"城市"为主要目标,环绕、越过和贯穿多面的空间层次,如同中国传说中的龙,如图5-4~图5-7所示。

图5-5 当代MOMA创意来源

图5-6 当代MOMA实体

图5-7 当代MOMA建筑规划图

当代MOMA低碳技术应用

当代MOMA2005年被美国《大众科学》评为世界七大"Best of what's new"工程之一，在2007年被美国《TIME》评为世界十大建筑奇迹，并获得纽约建筑师协会2008年度可持续发展建筑奖。

1. 当代MOMA应用的主要技术系统

应北京当代节能置业股份有限公司邀请，北京建工博海建设有限公司、北京首都工程建筑设计有限公司、北京市华清地热开发有限责任公司联合负责对当代MOMA的绿色建筑技术的前期论证、设计与开发。

研究设计应用了包括《新能源系统》、《能源设备系统》、《外围护结构》、《智能控制系统》四大系统及二十子系统（表5-2）。

当代MOMA建筑节能技术的关键应用　　　表5-2

序号	分类		当代MOMA工程	重要性分类
1	减少负荷的技术	外围护结构	外墙外保温系统，楼地面、屋面保温系统，外窗系统，外遮阳系统，体形外观系统	主要配套
2	可再生能源和自然能源的利用技术	新能源系统	地源热泵系统，太阳能系统，中水、雨水回收利用系统	关键
3	节能系统形式和相应末端设备的研发		顶棚辐射系统、置换式新风系统、设备输送系统	关键
4	余热或废热利用技术	能源设备系统	带热回收装置的置换式新风系统	其他配套
5	能量回收技术和能量存储技术			
6	高效能量转化设备开发、制造		高COP值的热泵机组	关键
7	提高流体网路效率的技术	智能控制系统	管网平衡，变频、变流量调节	其他配套

2. 研究开发当代MOMA的总体目标

目标1：在建筑节能和经济合理、建筑节能与建筑美观、建筑节能与舒适度之间寻求合理的平衡点。

目标2：提高能源使用效率，改善能源环境。

目标3：在尊重自然的基础上全面提升人居品质。

目标4：使我国的建筑节能、居住舒适健康水平达到国际领先，为我国超低能耗绿色建筑的发展积累经验。

当代节能低碳地产MOMA模式

当代MOMA主要低碳技术指标深度分析

当代MOMA项目的低碳技术指标是经过严格的测试获得的，对于深入了解当代节能置业开发在低碳地产领域的实践具有重要意义。

1. 建筑热工指标：远低于北京标准

从表5-3中建筑热工指标来看，当代MOMA远低于北京市65%节能标准。

建筑热工指标		表5-3
系统名称	北京市地方标准传热系数限值 [W/(k·m^2)]	设计传热系数限值 [W/(k·m^2)]
外墙系统	0.6	0.35
屋面系统	0.6	0.30
外窗系统	2.8	1.5

2. 热舒适度指标：达到最舒适范围

热舒适度指标						表5-4
主要房间名称	夏季		冬季		新风量	换气次数
	温度（℃）	相对湿度（%）	温度（℃）	相对湿度（%）	[m^3/h·人]	(次/h)
卧室	26~28	≤65	20~22	≥30	>50	>0.5
起居室	26~28	≤65	20~22	≥30	>50	>0.5

从表5-4可以看出，当代MOMA的热舒适度指标位于人体最舒适的温度范围内，达到ISO 7730国际舒适度环境标准中最舒适热环境的评价指标。

3. 声舒适度：达到同类建筑标准

声舒适度（dB） 表5-5

	中华人民共和国国家标准《住宅设计规范》（GB 50096—1999）		瑞士标准		MOMA
	昼间	夜间	昼间	夜间	昼间与夜间
住宅、居室允许噪声级	≤50	≤40	≤30	≤30	≤30
分户墙空气隔声量	≥40		≥52		≥50
楼板撞击声压	≤75		≤55		≤60

通过表5-5中的声舒适度指标可知，当代MOMA的隔墙楼板的隔声性能达到国际同类建筑允许噪声标准。

4. 光舒适度：自然采光达到基本照度要求

当代MOMA的自然采光设计，是要根据自然光线照度变化大、光谱丰富以及与室外景致有机联系在一起的特点，向室内提供天气气候变化、时间变化、光线方向和强弱变化以及各种动态信息所形成白天室内自然时空环境之感。

充分利用自然采光，达到基本照度要求，减少人工照明，创造室内的优美环境。

5. 空气质量：保证新风每人不小于50m³/h。

置换式新风系统保证24h连续提供0.5次～0.8次／h的新风，以置换的形式送入室内，新鲜空气利用率高。

通过置换式新风系统，把新风送到人体所需要的地方，保证每人不小于50m³/h。

6. 节能性：在达到节能标准之上再节能30%

（1）围护结构节能率

当代MOMA的围护结构能耗在满足北京市居住建筑节能65%标准的基础上再节能30%，达到节能75%的标准，如表5-6所示。

围护结构节能率对比　　　　　　　　　　　　　表5-6

建筑类型	采暖能耗（W/m²）	节能率（%）
参照建筑	22279.9	51.7
当代MOMA	14681.2	34.1

（2）夏季冷负荷分析

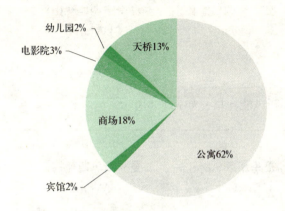

图5-8　不同场所夏季冷负荷分析

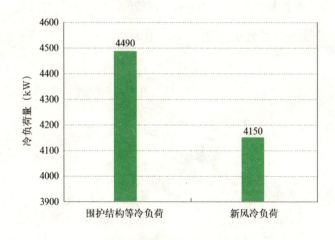

图5-9　围护结构和新风冷负荷对比

各楼座冷负荷所占的比例及围护结构、新风冷负荷分布如图5-8和图5-9所示。

夏季空调能耗指标（不含新风）如表5-7所示。

夏季空调能耗指标			表5-7
建筑类型	夏季空调总能耗（kWh）	夏季空调能耗指标（kWh/m²）	冷负荷指标（W/m²）
当代MOMA	2880000	22.2	18

夏季空调新风能耗指标如表5-8所示。

夏季空调新风能耗指标			表5-8
建筑类型	夏季新风总能耗（kWh）	夏季新风能耗指标（kWh/m²）	冷负荷指标（W/m²）
当代MOMA	1820000	14	9.7

夏季冷负荷指标远低于普通住宅建筑26~40W/m²的数值。

（3）冬季热负荷分析（图5-10、图5-11）

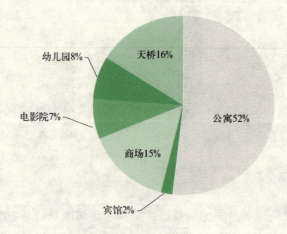

图5-10 不同场所冬季热负荷分析

当代MOMA低碳价值深度分析 第二节

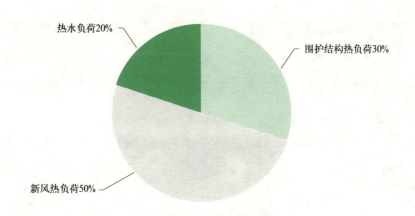

图5-11 当代MOMA各楼座热负荷所占的比例及围护结构、新风、热水热负荷分布

冬季空调能耗指标（不含新风）见表5-9。

		冬季空调能耗指标		表5-9
建筑类型	冬季空调总能耗（kWh）	冬季空调能耗指标（kWh/m²）	耗热量指标（W/m²）	热负荷指标（W/m²）
当代MOMA	4810000	37	10.56	20.7
65%节能标准	无	50～100	14.65	≤32
德国	无	41	无	无
芬兰	无	25	无	无

冬季空调新风能耗指标

	冬季空调新风能耗指标		表5-10
建筑类型	冬季新风总能耗（kWh）	冬季新风能耗指标（kWh/m²）	热负荷指标（W/m²）
当代MOMA	5150000	39.6	28

低碳地产先锋 | 171

冬季空调能耗指标低于65%北京市节能标准，达到国际标准。

（4）耗煤量指标

	耗煤量指标			表5-11
建筑类型	冬季采暖 （kg/m²）	冬季新风 （kg/m²）	夏季空调 （kg/m²）	夏季新风 （kg/m²）
80年标准建筑	25.2	无	无	无
节能65%后建筑	8.82	无	无	无
德国	7.84	无	无	无
当代MOMA	6.34	9.29	4.46	2.4

从表5-11中的耗煤量指标来看，当代MOMA的耗煤量是80年标准建筑的1/4，低于北京市65%节能建筑标准。

关键技术的研究与应用

1. 采用了地源热泵系统

MOMA采用地源热泵加冷却塔、锅炉调峰的复合式能源系统，地源热泵系统共使用656根地热管，均埋于建筑结构之下，是地产行业内单体建筑下最大的地源热泵系统之一（图5-12，图5-13）。

第二节 当代MOMA低碳价值深度分析

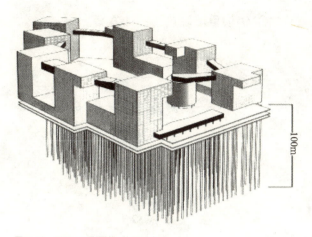

图5-12　MOMA采用地源热泵示意

■ 能效比 = $\dfrac{收益}{代价}$　　■ 能效比 $COP > 4$ ——高效、节能

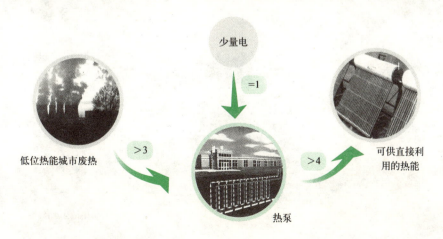

图5-13　热泵效率 — 能效比

低碳地产先锋 | 173

（1）当代MOMA项目地源热泵设计方案

①冷热源方式

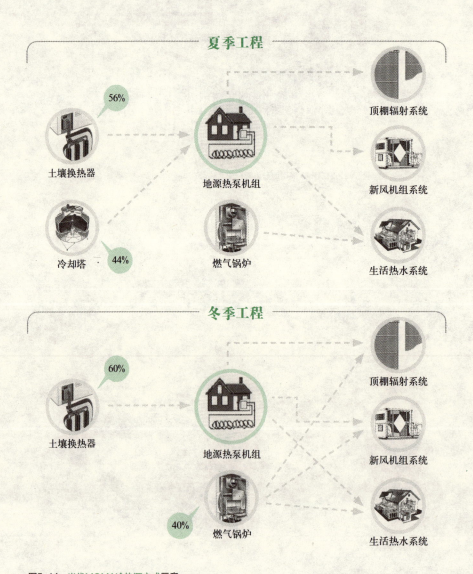

图5-14 当代MOMA冷热源方式示意

冷热源方式采用复合式系统，即地源热泵机组＋燃气热水锅炉，地源热泵机组夏季的排热由土壤换热器和冷却塔完成；系统提供建筑物全年的生活热水。运行方面以地源热泵优先，不足部分使用冷却塔或锅炉（图5-14）。

②热回收机组制取生活热水

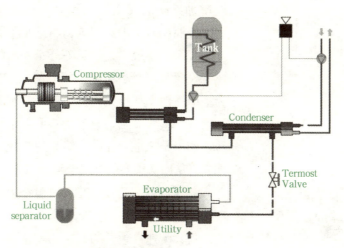

图5-15　热回收机组制取生活热水示意

夏季通过回收土壤热泵机组的冷凝热，循环加热生活热水至50℃（图5-15）。

③当代ＭＯＭＡ地源热泵（图5-16）

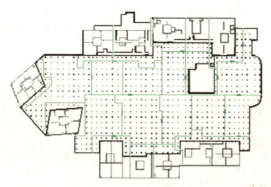

图5-16　土壤源热泵分区图

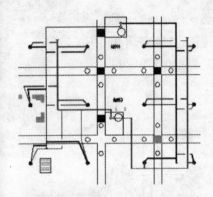

图5-17 地源热泵具体布置

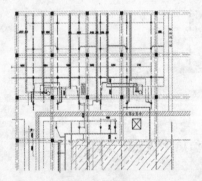

图5-18 与基础设计配合图

（2）地源热泵具体布置

当代MOMA项目地埋管的数量大，分布范围广，为确保每一个换热孔都能有一定的换热液流过，实现有效、高效换热，同时最大限度增加系统的安全性，根据换热孔的分布区域，按照相对集中的原则，将整个土壤换热器分为42个小系统，大约每6~8个左右的垂直换热孔设置为一个小系统，15个左右换热孔设置为一个换热循环单元，供、回水分别集中到单独的分、集水器上；分集水器汇入总管接入机房，使得整个地埋管的联络系统既统一又相对独立，从而实现高效、安全运行（图5-17）。

水平联管采用D90PE管，整个土壤换热器系统按同程方式连接，确保各换热孔内循环液的流量、流速一致，为系统的安全运行提供可靠的保障。

（3）与基础设计配合

换热孔与桩基础留有1.2m的安全距离；

水平联络管不穿越结构底板沉降后浇带（图5-18）；

（4）检查井设置

设置检查井对每组水平干管进行检测和调节（图5-19和图5-20）；

多个就近检查井底部设排水管集中排至车库污水坑内。

> 世博中的伦敦零碳馆原型取自世界上第一个零二氧化碳排放的社区贝丁顿零碳社区，它充分利用循环经济原理、采取多种最新科技，能实现真正的"零排放"。

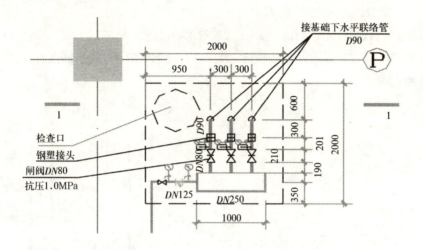

图5-19　检查井1大样图

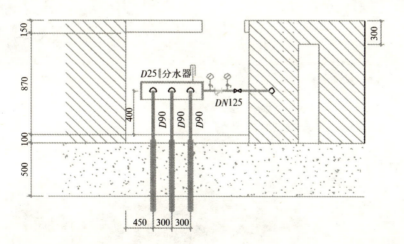

图5-20　检查井1剖面图

（5）地温场采集、监测系统

①地温场监测系统施工

在当代MOMA钻孔区域内底板下100m纵深内沿不同方向、不同深度设置了60个温度监测点，如图5-21、图5-22为不同方向不同深度的温度检测点布置示意图。

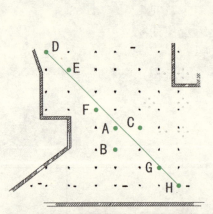

图5-21 地温场测温点布置

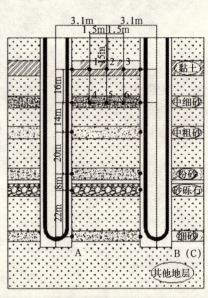

图5-22 温度监测点布置示意

②地温场数据采集、监测布置

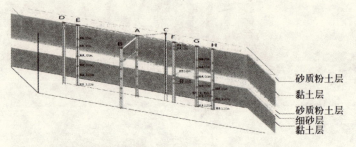

图5-23 测温探头布置剖面示意

③地温场GPRS无线传输

在施工后期,通过智能巡检仪实时采集地埋管区域地下温度数据,通过GPRS无线传输系统传输至公司地温场采集系统,系统再进行模拟分析,通过该套系统可以实时获取地下不同深度、不同地层土壤温度情况以及地埋管换热器影响半径情况(图5-24)。

GRRS无线传输为当代MOMA项目可靠运行提供了实践支撑,同时为研究地源热泵的应用和发展提供了可靠翔实的资料。

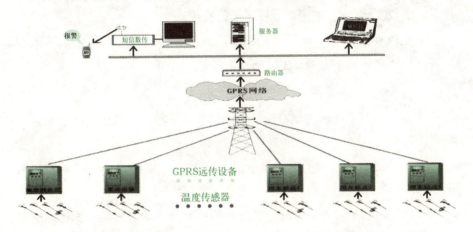

图5-24　DA5000地热温度GPRS无线采集系统框架

④换热孔测试

设计和施工前进行了钻孔和热物性测试,目的为:

获取土壤换热器设计工况下,冬夏季每立方米的换热量;

确定最佳的钻孔机具;

确定土壤换热器的最佳孔深和孔距;

确定最佳的填料和换热管管径。

（6）四大创新点

①当代MOMA采用的是世界上规模最大、且完全埋设于建筑物基础下(车库地板)的地源热泵系统，节省用地2.5万m^2。

②土壤源热泵方案采用复合式系统，初投资将大幅度减少，既增加了系统的安全性，对运行费用的影响也不大，还可平衡土壤全年的取热和放热总量，防止土壤热平衡失调。

③空调末端采用天棚辐射系统，所需的冷冻水温较高，为18～21℃，而地埋管通过与地壤的直接换热，无需通过热泵机组即可得到所需的冷冻水温，实现夏季免费，进一步节省了运行费用。

④夏季通过回收土壤热泵机组的冷凝热，即可循环加热生活热水至50℃。当回收热量不能满足生活热水需要时，再开启锅炉。

（7）综合效益显著

①地源热泵系统可实现对建筑物的供热和制冷，还可供生活热水，一机多用；

②地源热泵系统的另一个显著的特点是大大提高了一次能源的利用率，地源热泵比传统空调系统运行效率要高约40%～60%。

③本项目利用可再生资源，具有可持续发展性，对环境保护起到一定的引导作用，为地源热泵技术发展拓展了空间。

2. 采用了顶棚辐射采暖/制冷系统

（1）顶棚辐射采暖、制冷系统概述

顶棚辐射/采暖制冷系统可同时用于夏季供冷和冬季供暖，可减少设备初投资，提高使用率，同时为空调系统添加了一种全新的方式。

由于辐射的作用，房间高度不高，因此房间纵向温度是均匀的，不存在"头暖脚凉"的感觉，人体的舒适性可以得到保证。

第二节 当代MOMA低碳价值深度分析

（2）顶棚辐射采暖、制冷系统具体设计

当代MOMA的顶棚辐射采暖/制冷系统（图5-25）采用PE-Xa25mm管，埋设在混凝土楼板内，间距为200~300mm。冬天热水供水温度为28℃左右，与室内温差为5~8℃，保证室温不会低于20℃。而夏季冷水温度为18℃，维持6~8℃的温差，使室内温度不会高过26℃。

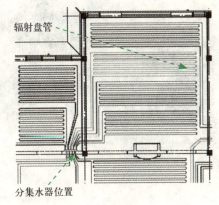

图5-25 顶棚辐射采暖/制冷系统设计示意

（3）顶棚辐射采暖、制冷系统的控制

必须采用气候补偿型辐射地板采暖/制冷温控中心，通过对供水温度、回水温度、室内温度、室外温度（气候补偿型）、相对湿度的严格控制及完全自动化的调整，保证了系统最佳的舒适程度、节能和人性化的实现。

3. 采用了热回收全置换式新风系统

（1）指标

当代MOMA热回收全置换式新风系统（图5-26）可以保证室内24h均有新风，新风量标准满足人体的需求。新风量达到每个房间换气次数0.5~0.8次/h，每户新风量约300m^3/h，按每户3人标准，每人新风量达100m^3/h，达到五星级酒店客房的设计标准。

回（排）风由卫生间集中排出，经屋顶新风机组集中热回收后排出，新风机组带高效板式全热回收机器，新、排风无交叉污染，热回收效率为60%以上。

（2）布局

新风末端管路同天棚辐射盘管共同埋在混凝土楼板内，采用UPVC给水管。

图5-26 热回收全置换式新风系统工程施工照片

4. 顶棚辐射采暖、制冷系统与置换新风热回收系统实施效果

当代万国城北区是温湿度最舒适的科技建筑,实现了"新风、低噪、舒适、节能"的住宅功能,这得益于其全部公寓采用顶棚辐射采暖/制冷系统与置换新风热回收系统,这两个系统结合有着其他系统无可比拟的优点,其舒适性是毋庸置疑的。同时该系统的节能效果对我国建筑节能的发展具有一定的推动作用,即节约了采暖制冷费用的支出,又减少了燃煤消耗和二氧化碳排放,对北京的大气环境及创造绿色奥运、绿色北京有着非同一般的意义。

5. 采用了中水回收利用系统

盥洗废水、淋浴废水、洗衣废水等废水作为中水水源,经处理后再回用于当代MOMA公寓卫生间的冲洗、室外景观水池与冷却塔的补水、路面冲洗和浇灌绿植等。

6. 采用了雨水回收利用系统

MOMA采用雨水回收利用（图5-27），用于小区绿化灌溉、小区水景用水等，获得了良好的经济社会效益。小区内道路采用渗水材质，以利于雨水入渗；绿化面积达21135.6m²，有效地降低地表径流。

图5-27　当代MOMA雨水回收利用系统示意

7. 中水、雨水及景观水等水处理系统实施效果

中水、雨水、景观水等水处理系统，实现了当代万国城北区工程高舒适度、微能耗、可持续发展的艺术新建筑，提高了人们的生活水平。该系统既节约了居民的用水开支，又保证了国家经济的持续发展；既保护了环境、缓解了我国水资源不足的现状，又减少了城镇供、排水管网和处理设施的负荷；既实现了小区优美环境的创造，又不浪费资源，达到社会效益和生态效益双丰收。

8. 采用了生态材料利用系统

MOMA产品的开发建设大量地使用了生态环境材料，能源消耗少、环境污染少、循环利用率高，有利于改善业主的居住环境。MOMA室内精装的原则是重装饰、轻装修，尽量少使用涂料等环境污染严重的材料，而传统普通住宅精装则不同，它们讲究的是室内装修风格豪华奢侈，大量地采用壁纸、涂料和胶水等污染相对严重的材料。

04

配套系统技术的研究与应用

1. 建筑物理优化

绿色建筑的本质就是节能、舒适和健康。只有建造高舒适度、节能的建筑,才能不仅给人们带来健康的室内环境,更能为人们创造健康的生存环境。因此,不论是公寓,还是酒店式办公、商场,都有必要的建筑的热工进行优化,首先使其成为低能耗建筑。建筑物理优化措施主要表现在以下几个方面。

(1) 体形外观系统

MOMA产品体形系数小,同等面积下减少了建筑的表面积,因而为客户节省了建造成本和能源消耗;与常规住宅体形外观相比,MOMA是方正体形,外表面相对比较匀致,体量感比较大。从外观上看,建筑类似于公共建筑,气势雄浑(图5-28)。

图5-28 当代MOMA外观

当代MOMA低碳价值深度分析 第二节

（2）外围护结构节能环保设计与施工技术

外围护结构节能环保设计如图5-29~图5-32所示。

2. 技术实施

（1）复合外墙系统施工技术

采用100mm厚的挤塑聚苯板作为保温层，表面粘贴杜邦膜防潮层，面层为铝板幕墙，幕墙与保温层之间留有97mm的流动空气层（图5-33~图5-36）。

图5-29 外围护结构节能环保设计示意

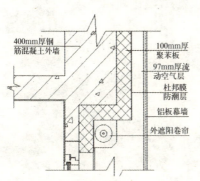

图5-30 外围护结构剖面图

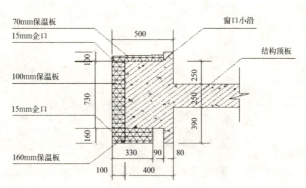

图5-31 窗口小沿节点设计图

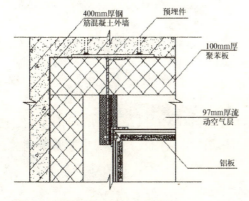

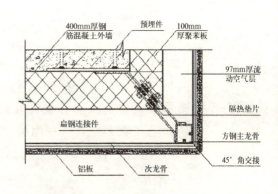

图5-32 外围护结构阴角处和阳角处做法

图5-33 保温板上切槽、钻孔施工实景

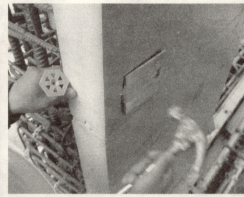
图5-34 安装幕墙预埋件施工实景

图5-35 外保温外立面

图5-36 铝板幕墙

(2)屋面保温系统施工技术

屋面是建筑保温的重要组成部分,当代MOMA工程的屋面采用120mm厚的聚苯板作为保温层,女儿墙内外两侧及顶部均用聚苯板满粘,阻断热桥(图5-37、图5-38)。

当代MOMA低碳价值深度分析 第二节

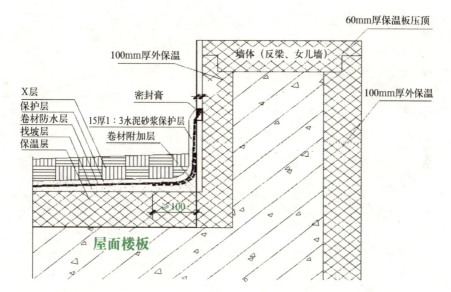

图5-37 屋面保温系统施工示意

图5-38 屋面保温系统施工现场

(3)地下保温系统施工技术

将地下室外墙外保温的保温层伸入室外地坪以下1.0m,超过北京地区冰冻线-0.8m,可有效阻断热桥(图5-39)。

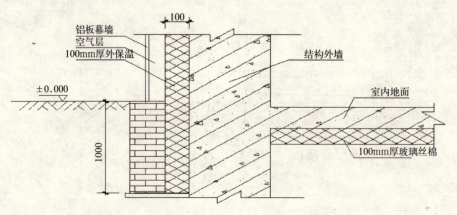

图5-39　地下保温系统节点图

图5-40　外窗系统

图5-41　可调节外遮阳系统

（4）外窗及外遮阳系统施工技术

外窗为具有良好气密性和水密性的ALUK三腔断热铝合金窗；玻璃采用高透光率、中空层填充氩气的Low-E中空玻璃，配有优质三元乙炳密封胶条等保证增强隔热保温性能，减少能量损耗（图5-40）。

外遮阳系统（图5-41）带特殊形状不锈钢水平条，遮阳效率高达90%~95%。

3. 应用隔声降噪系统

（1）室外声环境

当代MOMA的小区内广种草木，设计了多层叠水、小型雾泉等水景，在美化的同时有利于消除噪声。实行人车分流，所有的汽车在小区入口处全部进入地下车库，极大地减少了车辆对业主的噪声干扰。

（2）室内声环境

住宅的户门选用三企口双密封门，外窗采用铝合金断桥窗，玻璃为内外钢化中空镀膜玻璃，以硅胶镶嵌，橡胶密封条密封。

楼板为现浇钢筋混凝土楼板，厚度为250mm，并铺设隔声架空龙骨地板，能有效隔绝楼层间噪音的传递。

采用同层排水技术，能有效消除水流撞击管壁声及对下层住户的噪声。

当代MOMA在建筑布局上，将卧室与有可能产生噪声的电梯井、管道井隔开，设备、管线暗装入墙，加厚分户墙，支架水平安装，免穿楼板以消除孔洞传声。

低碳环保

能耗统计是一本"台账"，而审视政府机关自身，在节能方面以身作则，提升公共服务意识，这些是"台账"所可能产生的实效。

4. 设备输配系统控制

当代MOMA对输配系统进行保温、隔热措施，减少热损失；

所有设备均作隔声抗震处理；

通过各种管径变化、阀部件等做到管道压力、流量平衡，确保各楼层、各朝向的均好性；

所有的管道都进行标识设计，便于检修。

5. 智能控制系统

（1）机电设备智能控制系统

当代MOMA大量采用带有智能控制器的照明灯具、空调末端、冷水机组以及消防装置等。为了保证系统设备的安全可靠运行，实现系统的运行目标，降低系统运行的能耗，MOMA利用计算机技术和网络通信技术对系统设备进行全面的监控调节和运行管理，保证了建筑的节能运行，为客户创造了巨大的经济价值。

（2）智能家居系统

随着科技日新月异的发展，"舒适、便利、智能化"已成为高档住宅的建设理念，并越来越深入人心，MOMA系统采用目前最先进的家居智能化系统，力求创造安全、舒适的生活环境，为客户创造超值的享受。

（3）安防系统

随着我国经济的快速发展，生活水平的不断提高，人们对居家的概念已从最初满足简单的居住功能发展到注重对住宅的人性化需求。安全、舒适、快捷、方便的智能小区，已成为住宅发展的主流趋势，其中，安全性是首要目标。智能小区安全性的实现，除了人为的因素外，主要依靠小区的智能化安全防范系统。MOMA产品的安防控制系统给客户提供了舒适、便捷、人性化的居住环境（图5-42）。

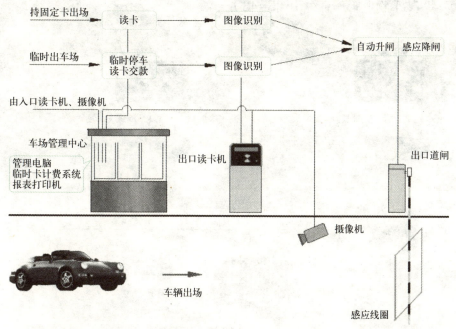

图5-42　安防系统结构

（4）可视对讲系统

可视对讲系统是一套现代化的小康住宅服务措施，提供访客与住户之间双向可视通话，达到图像、语音双重识别从而增加安全可靠性，同时节省大量的时间，提高了工作效率。MOMA的可视对讲系统可以与小区物业管理中心或小区警卫进行通信，从而起到防盗、防灾、防煤气泄漏等安全保护作用，为业主的生命财产安全提供最大限度的保障。

(5)物业管理系统(图5-43)

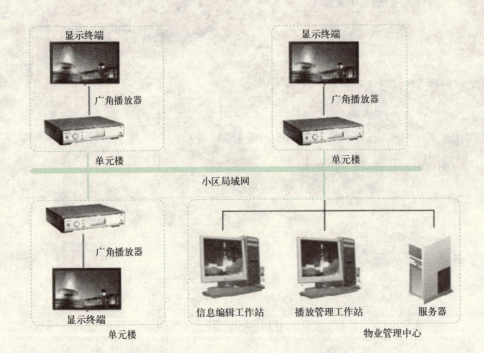

图5-43 小区局域网络结构图

系统实际运行工况

1. 各系统检验检测结果

室内热舒适度冬季阶段检测结果如表5-12所示。

冬季室温在20~22℃之间。起居室平均值为20.9℃，主卧室为21.8℃，相对湿度基本在30%以上。

各系统检验检测结果　　　　　　　　　　表5-12

主要房间名称	夏季		冬季		新风量 [m³/(h·人)]	换气次数 (次/h)
	温度 (℃)	相对湿度 (%)	温度 (℃)	相对湿度 (%)		
卧室	26~28	≤65	20~22	≥30	>50	>0.5
起居室	26~28	≤65	20~22	≥30	>50	>0.5

2. 围护结构检测结果（表5-13）

围护结构检测结果　　　　　　　　　　表5-13

系统名称	北京市地方标准传热系数限值 [W/(K·m²)]	设计传热系数限值 [W/(K·m²)]	传热系数实测值 [W/(K·m²)]
外墙系统	0.6	0.35	0.34
屋面系统	0.6	0.30	0.29
外窗系统	2.8	1.5	1.3

3. 室内空气质量检测结果

检测项目：氡（Bq/m³）、游离甲醛（mg/m³）、氨（mg/m³）、TVOC（mg/m³）限量符合GB 50325—2001规定要求。

4. 关键系统运行效果

（1）运行效果

项目从2008年6月开始运行，目前运行效果良好，冬季房间温度在22℃左右，夏天26℃左右，实现了设计意图。

（2）系统运行费用

能源价格统一按照电价0.70元/kWh、天然气1.90元/m^3计算。经统计分析，采暖、制冷、热水运行费用全年为23.4元/m^2，如表5-14所示。

系统运行费用　　　　　　　　　　　　　　表5-14

名称	全年（万元）	全年（元/m^2）	其中（元/m^2）		
			冬季运行费	夏季运行费	生活热水
地源热泵系统	524	23.4	7.1	8.3	7.99
常规系统	673	30.1	9.1	11.1	9.87

（3）采用投资回收期法进行经济比较

地源热泵系统与常规能源系统的机房和末端产品相似，使用寿命基本相同：机房为15~20年，末端均为50年左右。两系统的区别在于：地源热泵地埋管使用寿命为50年以上，常规能源系统的冷却塔和锅炉的使用寿命为15年。

两方案的使用寿命不同，投资回收期的比较有两种方法：一种是按15年计算，扣除残值；另一种是统一按50年考虑，15年寿命的乘3.33次计算。

下面分别按15年寿命、以贴现率5%、扣除考虑残值和不考虑残值计算，进行动态静态投资回收期分析。

投资回收期比较

①在不考虑残值的情况下，经计算静态投资回收期9年，动态投资回

收期12年，如表5-15所示。

不考虑残值情况下的投资回报期比较（万元）					表5-15	
	初投资	年运行费用	和常规对比（地源-常规）		回收期（年）	
			初投资	年运行费用	静态	动态
地源热泵	3100	524	1350	-150	9	12
常规系统	1750	673	0	0		

②在考虑地源热泵地埋管部分残值的情况下，经计算静态投资回收期2.5年，动态投资回收期2.7年，如表5-16所示。

考虑残值情况下的投资回报期比较（万元）						表5-16	
	初投资	15年残值	初投资-残值	年运行费用	和常规对比（地源-常规）		回收期（年）
					投资	年运行费用	静态	动态
地源热泵	3100	980	2120	524	370	-150	2.5	2.7
常规系统	1750	0	1750	673				

系统应用效益分析

1. 技术效益

当代MOMA通过现代化的高科技手段，通过对建筑物理优化设计，混凝土楼板辐射采暖/制冷系统、置换新风系统、地源热泵系统、新风热回收技术、中水回用技术的研究与运用，降低了建筑本身的能耗。通过开发多种能源供应方式，提高能源的使用效率，降低建设成本和运营成本，提高室内的舒适度，保障室内人员的身心健康，减少对环境的破坏。本项目的实施开创了大面积天棚辐射与地源热泵结合的先例，研究设计应用了包括《外围护结构》《新能源系统》《能源设备系统》和《智能控制系统》等四大系统及二十子系统MOMA绿色建筑节能技术，为我国超低能耗绿色建筑的发展积累经验。

2. 经济效益

地源热泵、天棚低温辐射采暖/制冷及全置换新风系统，从系统长期运行方面测算，该方式为该项目节省了大量的运行费用，也产生了很大社会效益。

在建筑形式、负荷、能源价格、末端形式完全相同的情况下，将地源热泵方案和常规燃气锅炉采暖、冷水机组制冷方案进行比较，系统考虑冬季采暖、夏季空调、全年生活热水。地源热泵系统全年运行费用约524万元，常规系统全年运行费用约673万元，每年运行费用约节省150万元。可见采用地源热泵系统从长远的运行方面，经济效益非常可观。

3. 社会效益分析

（1）环境效益显著

本项目采用地源热泵系统供热和供冷，是以电力作为主要动力，不会因为燃料燃烧造成大气污染，主要设备装置运行没有燃烧，没有排烟，也没有废弃物，可以缓解城市空气污染问题。经计算本项目每年可节约标准煤2800吨，减排CO_2约6000吨，为温室气体的减排做出重大贡献，具有显著的环境效益。

（2）节能效果突出

地源热泵系统制热系数高达3.5~4.5，而锅炉仅为0.7~0.9，可比锅炉节省70%以上的能源和40%~60%运行费用。和顶棚辐射空调系统相结合使系统能效比提高30%，COP达到4.5~5.8。

（3）利用可再生资源，具有可持续发展性

地源热泵系统是利用地球表面潜层地热资源作为冷热源，进行能量转换的供暖空调系统。地表潜层是一个巨大的太阳能集热器，收集了47%左右的太阳辐射到地球的能量，比人类每年利用能量的500倍还多。它不受地域、资源的限制，量大面广，无处不在。这种储存于地表潜层近乎无限的可再生能源，使得地能成为清洁的可再生能源的一种形式。因此，利用热泵机组是一种可持续发展的"绿色装置"。

①推动住宅采用地源热泵和天棚辐射系统的快速发展

随着中国经济的快速发展，居民对住宅的品质越来越重视，供暖、供冷和新风系统设施建设是其关键环节，本项目的实施开创了大面积天棚辐射系统与新能源结合的先例，将产生良好的社会效益。

②为地源热泵技术发展拓展了空间

城市中心寸土寸金，很难有足够的场地实施地源热泵技术，本项目在建筑物下实施，不占用建筑面积，它的成功实施为地源热泵技术发展拓展了空间。

通过对建筑科技系统的研发、甄选以及综合运用，加强建筑产业对于科技的重视程度，推进绿色科技系统的研究工作的进展和应用广度。

第五章 当代节能低碳地产MOMA模式

■ 链接

当代MOMA简评及实景欣赏

当代MOMA从传统的北京四合院与胡同的邻里关系中,创造出了一种能够适应现代生活的邻里关系。新的邻里关系应该是一种既相对独立、又便于交往的生活状态。当代MOMA将室内空间向外延伸,寻找大家共同的生活空间。一个公共的步道,营造了户与户间交往的桥梁,使大家可以有交流的机会。整个社区是一个立体的建筑空间,从地面、空中、地下,不同功能的建筑单体有机结合在一起,不仅创造了精彩的建筑形体构成,也为人们带来特殊的都市生活体验。

图5-44 当代MOMA实景

朗诗地产低碳实战之路

2010年3月,已决心涉足绿色地产的"大佬"冯仑,带上30多人的队伍,南下取经低碳住宅。冯仑选中两家"老师",一个是深圳万科,一个是南京的朗诗地产。朗诗地产是较早进入绿色低碳科技地产这一细分领域的,并且,朗诗地产是以高舒适度低能耗为产品定位进行差异化竞争的。到2009年底为止,朗诗地产开发的绿色科技住宅的建筑面积已达200万m^2,其绿色建筑的开发面积全国房地产企业无出其右者,朗诗地产绿色科技住宅的综合节能率高达80%以上,这在行业内也是遥遥领先。

第一节 朗诗地产开发理念：以低碳为核心

在全球倡导低碳经济的形势下，朗诗地产在绿色人居的道路上已走过了6年，已向南京、无锡、苏州、常州、杭州、上海等长三角区域2.5万消费者提供了节能环保的低碳住宅。

2010年3月，朗诗地产开发的苏州国际街区项目荣膺全国绿色建筑设计标识最高等级三星级（住宅）认证，据最新统计，全国只有两家企业的两个项目获此殊荣，同时朗诗地产也成为世博会零碳馆的合作伙伴，朗诗地产以此为新的起点，持续引领我国绿色人居的发展之路。

在科技地产领域，朗诗已耕耘了6年，其开发的科技住宅建筑面积达200万m^2，综合节能率均超过80%。据公司给出的统计数据，这些房子较普通住宅每年每平方米减少90kg二氧化碳排放，节省25度电。

以科技引领低碳地产开发

绿色科技代表中国住宅未来的发展方向。成立于2001年的朗诗集团是绿色科技地产这一细分市场的较早进入者，差异化的竞争战略不仅占领了房地产行业发展的制高点，也赢得了市场的认同。

1. 以科技为扩张先锋手段

朗诗地产已进驻南京、无锡、苏州、常州、杭州、上海六个长三角地区的主要城市，长三角布局初步完成。公司目前主要项目有七个，在上海、杭州、苏州拥有多个优质地块待开发。公司规模从2005年起迅速壮大，2007年资产总额为20.2亿元，2008年猛增至38.7亿元，年增长近一倍。所有者权益从2005年的2亿元左右直线攀升至2008年的10亿多元，三年时间增长四倍。从住宅业务的毛利率看，朗诗2005～2007年的年均毛利率为41.1%，而行业平均仅为26.1%。朗诗已成为国内绿色科技住宅细分市场的领跑者。

2. 科技支撑了高周转高增长

朗诗地产所有的资源全部围绕科技地产的战略展开，一兵一卒一个铜板，都没有撒到其他地方去。高度的聚焦换来了朗诗这个后进者在传统市场中的强势切入，公司产品溢价率超出了行业平均水平，总资产也从原先的1000万元，猛增至2009年的70多亿元。

科技含量的支撑、高速周转策略，是高增长的基石。自2006年以来，朗诗每年的资产周转率都保持在100%以上，而A股市场56家上市地产公司的同一指标平均在42%左右。

拥有50多项低碳住宅技术专利

支撑朗诗地产绿色战略的是其绿色技术实力。截至2009年底，朗诗地产已成功申请建筑科技方向的专利50多项，节能技术已成为朗诗地产的

第六章 朗诗地产低碳实战之路

核心竞争力。朗诗地产凭借地源热泵系统和置换全新风系统等十大领先的绿色科技,将其开发的住宅的室内温度、湿度、空气质量、噪声等居住环境控制在人体舒适的范围内,改变了传统住宅的观念和生活方式,引领我国绿色科技地产。值得一提的是,南京朗诗地产国际街区是全球范围内最大的采用地源热泵系统节能住宅小区(图6-1)。

图6-1 朗诗国际街区外立面

第一节 朗诗地产开发理念：以低碳为核心

低碳智库 03

什么是低碳地产？ 搜索

低碳，英文为low carbon，意指较低（更低）的温室气体（二氧化碳为主）排放。低碳地产的概念源于上述概念，在目前而言全世界内并没有低碳住宅的标准。

从广义的角度来看，对建筑体进行绿化、精装修等降低碳排放的地产项目均可以算入低碳地产。

从狭义的角度来看，低碳地产势必有一个更为精准的碳排放量的标准，目前全球减排大都以1990年为参照标准，可以预计未来低碳地产的标准也很有可能参照1990年建筑体的碳排放量进行规范。

独家推出首席绿色规划师职位

朗诗地产在房地产行业独家推出了首席绿色规划师的职位，以审察其公司旗下所有即将开工的项目是否符合绿色节能的标准，这就不仅从技术上保证建筑的绿色环保，更从建筑的系统设计、建材使用上、建筑施工上着手，保证在项目开发过程中全方位提高建筑绿色节能的水平。

以低碳战略实现差异化竞争

作为房地产企业的后起之秀，朗诗地产依靠绿色战略实现差异化竞争，在健康的赢利模式下赢得了足够的发展空间，八年来朗诗地产发展势头迅猛。

朗诗地产开发的绿色科技住宅，满足了消费者对于住宅更健康、更舒适、更节能的需求，依靠提高产品的附加值获得了销售者更多的认可和青睐，朗诗地产的绿色科技高舒适度住宅比同地段周边的常规住宅销售更快，售价水平也更高，2009年朗诗地产地产销售额超50亿元，也是朗诗地产地产历史上拿地动作最多的一年。

在推动低碳实践中努力实现企业自身的"碳中和"

伴随着2010年2月份上海朗诗地产绿岛项目的开盘和2009年上海天山公园项目、南翔项目的陆续取得，朗诗地产在战略布局开始向上海扩张，下一步朗诗地产将从长三角走向长江中上游的其他区域，将更优质、更舒适的绿色住宅产品推广到更多的城市（表6-1）。此外，朗诗地产的绿色战略将向着更高的目标前进，朗诗地产计划到2020年实现企业自身的碳中和，也就是说，朗诗地产将在自身发展过程中产生的碳排放，与朗诗地产各绿色建筑项目之间的碳节约之间达到中和，形成一个清洁能源的良性循环（图6-2）。

朗诗地产开发理念：以低碳为核心 第一节

低碳智库 04

> **什么是"碳中和"？** 搜索
>
> "碳中和"是指企业、团体或个人计算其在一定时间内直接或间接产生的温室气体排放总量，通常以吨二氧化碳当量（tCO$_2$e）为单位，然后通过购买碳积分（carbon credits）的形式，资助符合国际规定的节能减排项目，以抵消自身产生的二氧化碳排放量，从而达到环保的目的。

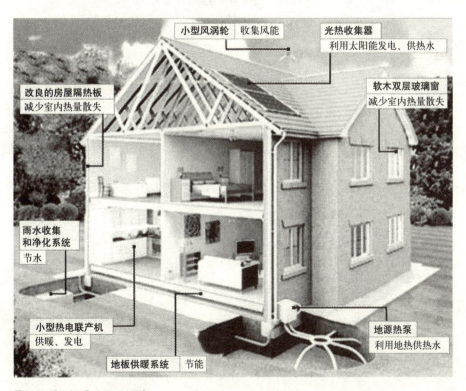

图6-2　"碳中和"房屋设计示意

朗诗低碳地产项目一览　　　　　　　　　　　　表6-1

项目名城	面积（万m²）	位置	荣誉
南京朗诗熙园	11	南京新街口	2003年度南京房地产销售金额冠军 2004年度中国最具投资潜力楼盘·南京（住宅） 江苏省首家AA级智能住宅小区等殊荣
南京朗诗国际街区	28	建邺区河西大街与庐山路交汇处	2009年全省城市物业管理优秀住宅小区 首届江苏省绿色建筑创新奖 获国家财政部首批可再生能源补贴456万元 2006~2007年中国房地产创新景观住宅区
无锡朗诗未来之家	15	太湖大道、规划金星南路交叉口东南侧	2009年度无锡市城市物业管理优秀住宅小区 建设部2007年科学技术项目计划——试点示范工程
苏州朗诗国际街区	13	苏州工业园区津梁街东	2009年全省住宅工程质量分户验收示范小区 住房和城乡建设部2008年科学技术项目计划
常州朗诗国际街区	13.8	长江中路与怀德中路交汇处	
杭州朗诗国际街区	21	经济开发区6号大街和27号大街交汇处	
上海朗诗绿岛	7.5	宝山区罗店新镇	通过"国标"住宅性能3A级认定初审
合计	109.3		

朗诗低碳地产案例：朗诗·绿岛 | 第二节

> 上海朗诗·绿岛项目是朗诗地产最新的低碳地产开发案例，其已经达到了恒温、恒湿、恒氧生态科技住宅的标准。

朗诗·绿岛项目位于上海宝山区罗店新镇，东濒获泾河，西临罗芬路，南靠陶浜，北临规划道路，项目占地面积为62859m²（94亩），容积率1.2，地上总建筑面积为75431m²。地块紧靠280亩的美兰湖，毗邻轨道一号线和世博专线M7，区域内已建成36洞高标准高尔夫球场、五星级高尔夫酒店、五星级会议中心、北欧商业街，教育、医院、商业等配套正日益完善。项目充分利用区域生态及低容积率地块的价值，结合朗诗成熟的科技系统整合能力，打造高端科技住宅。同时，朗诗也以此为契机立足上海，长期持续发展。

01

朗诗·绿岛六大低碳亮点

开盘时间：

2010年1月24日

开发商：

朗诗地产

低碳技术亮点：

朗诗绿岛的低碳亮点　　　　　　　　　　　表6-2

序号	朗诗·绿岛的低碳亮点
1	采用10多项科学技术，节能率高达80%
2	针对上海冬冷夏热、"黄梅天"潮热霉变的特点，采用地源热泵系统，从土壤中提取能量，以常温水为媒介，制冷采暖，再加上由特别增厚的墙体保温层、女儿墙、屋顶及地面保温系统，以及镀有Low-E涂层、内充惰性气体的玻璃窗构成的严密外围护系统，打造"恒温、恒湿、恒氧、低噪、适光"的人居模式。与同等规模的传统住宅相比，朗诗绿岛每年可减少5895吨二氧化碳排放，节约2121吨标准煤和589万度电
3	即使不使用空调、地暖、取暖器、加湿器等物品，室温冬季不低于20℃，夏季不高于26℃，室内湿度控制在30%～70%之间
4	在低碳技术的使用中，没有简单照搬德国等先进国家的成熟技术和经验
5	金属遮阳卷帘，可以调节合适的光线，还可以防辐射，在全封闭状态下避光效果极好，白天也可以安心睡觉；内开的窗户还可以选择由上向下翻开，防止物件坠落；卫生间同层排水，简化了管道，同时降低了噪声
6	太阳能电板花园路灯

02

朗诗·绿岛低碳亮点解读

01 低碳解码

太阳能是清洁能源,在住宅建筑及社区的照明系统中,普及使用太阳能技术是低碳地产的重要表现。朗诗·绿岛社区里的路灯全部采用了太阳能电板(图6-3),是个典型代表。

图6-3 太阳能电板的花园路灯

02 低碳解码

朗诗科技住宅营造的居住生活是一年四季房间当中的温度为20~26℃,室内空气的相对湿度是30%~70%。

图6-4 朗诗绿岛局部效果图

03 低碳解码

朗诗绿岛的景观设计遵循自然、绿色、生态理念(图6-4、图6-5)。以四个组团为中心,将建筑进行有机的整合。在邻里空间设立开场的草坪,包括为老人和儿童设立的活动专区。中央自然景区面积将近9000m^2,创意取之于国际象棋的棋盘等。根据一年四季的气候变化,将宅间的绿化区域分为四个,分别为紫藤园、溢彩园、枫丹园、芳草园。

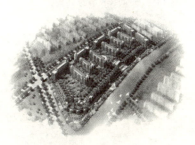

图6-5 朗诗绿岛项目规划示意图

第六章 Chapter six | 朗诗地产低碳实战之路

图6-6　朗诗绿岛别墅实景外观

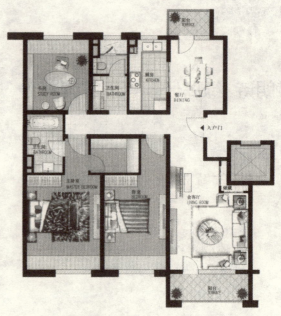

图6-7　朗诗绿岛样板11号A户型

04 低碳解码

朗诗绿岛采用的是同层排水系统，排水的横管在本层与竖直的主管道直接连接，消除了卫生间排水管穿越楼板的隐患，楼上就算是漏水，也影响不到自家，而且再也不会听见楼上的排水噪声了。

朗诗低碳地产案例：朗诗·绿岛 第二节

图6-8　朗诗绿岛别墅露台

图6-9　朗诗绿岛别墅主人房

05 低碳解码

室内没有吹风感，有非常良好的声环境，也有非常良好的光环境。朗诗科技住宅不仅拥有传统住宅无法相比的舒适和健康，还比传统住宅节约大量的能源费用。

图6-10　朗诗绿岛别墅三楼书房

第三节 苏州朗诗国际社区低碳见证

项目在规划设计中强调"绿色建筑"理念,并贯穿于规划、单体、材料、景观等专业环节;在建筑规划中充分利用地块周边良好的自然景观资源,通过建筑的错落合理布局,使尽可能多的住户可以俯瞰运河美景。

苏州朗诗国际社区概况

苏州朗诗国际社区项目(图6-11~图6-13)位于常州长江路与怀德南路交汇处西南,东接长江路,西临南运河,北侧为新建住宅区,南临新体西路,交通便捷,沿西侧运河规划有20m运河景观带。周边生活配套设施较为成熟,清潭小学、清潭中学、时代超市、第四医院一应俱全。现有25、928、3、42、225、902路公交线路经过该项目,公共交通较为便捷。

朗诗国际社区还将地源热泵、混凝土顶棚辐射制冷制热、智能新风、外墙、外窗、外遮阳、屋顶地面、隔噪隔声、同层排水以及24小时中央生活热水十大系统全面引入该项目,极力打造"恒温、恒湿、恒氧、低噪、适光、精装"的生态科技产品(表6-3)。

苏州朗诗国际社区低碳见证 第三节

朗诗国际社区重要指标	表6-3
项目名称	数据
总栋数	15栋
总户数	1003户
建筑密度	13.05%
绿地率	45.07%
得房率	85%

图6-11　苏州朗诗国际社区实景

02 苏州朗诗国际社区年度耗电量是普通住宅的近1/4

图6-12　苏州朗诗国际社区规划效果

根据朗诗地产的测试，苏州朗诗国际社区的能耗仅是普通非节能住宅的1/4左右，下面以98m²的住宅在制冷采暖方面的能耗为例进行说明，如表6-4和图6-14所示。

图6-13　苏州朗诗国际社区精装修效果

以98m²的住宅为例说明朗诗住宅的能耗（仅制冷采暖一项）　　　表6-4

系统形式	使用成本与寿命	室内效果
家用挂壁式分体空调住宅	1. 平均每天使用8小时 2. 冬夏季各使用3个月 3. 年平均费用2200元 4. 使用寿命5~8年	1. 只保证人员所在房间温度冬夏季20~26℃ 2. 开启后需等待 3. 湿度无保证
家用中央空调（VRV）+燃气炉地暖（地热）住宅	1. 平均每天使用8小时 2. 冬夏季各使用3个月 3. 年平均费用4100元 4. 使用寿命5~8年	1. 室内各房间均保证冬夏季20~26℃ 2. 开启后需等待 3. 湿度无保证
地源热泵+天棚辐射+全置换新风系统的"朗诗住宅"	1. 冬夏季全天24小时运行 2. 新风全年365天运行 3. 年平均费用1176元 4. 与建筑同寿命使用	1. 室内各房间（含厨房卫生间）均保证冬夏季20~26℃ 2. 无需开启和等待 3. 全年湿度30%~70%

表6-4中系统形式数据仅供参考，不作为法律承诺，数据计算按：电价：人民币0.52元/度；天然气价格：人民币2.2元/m³

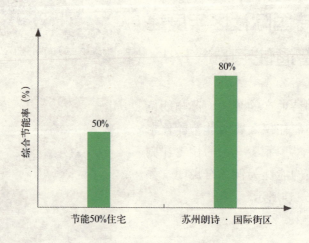

图6-14　苏州朗诗国际社区外围护综合节能效果对比

苏州朗诗国际社区十大低碳技术（图6-15）

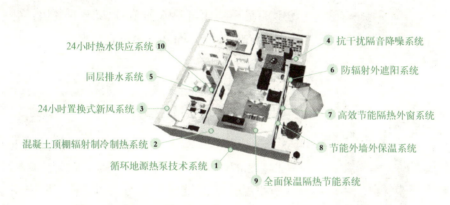

图6-15　苏州朗诗国际社区十大低碳技术

1. 地源热泵技术系统——摆脱空调的束缚

有的建筑架构稳健，却是一部失控的能量机器。在朗诗地产看来，建筑就是生态，始终符合能量守恒定律。地下常温层是能量的天然仓库，精密的管道、低耗的机组，构成良性运转的冷暖调节器。在这个系统里，能量充分转化，秩序井然。

地源热泵是利用地球表面浅层地热资源（通常小于400m深）作为冷热源，进行能量转换的供暖空调系统（图6-16）。地表浅层地热资源可以称之为地能（Earth Energy），是指地表土壤、地下水或河流、湖泊中吸收太阳能、地热能而蕴藏的低温位热能。地表浅层是一个巨大的太阳能

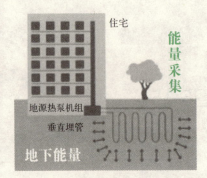

图6-16 地源热泵技术原理示意

集热器，收集了47%的太阳能量，比人类每年利用能量的500倍还多。它不受地域、资源等限制，真正是量大面广、无处不在。这种储存于地表浅层近乎无限的可再生能源，使得地能也成为清洁的可再生能源的一种形式。

朗诗热水集中供应系统比燃气热水器节省50%的费用；比电热水器节省100%的费用；并且比他们更安全，而且不用担心热水不够。

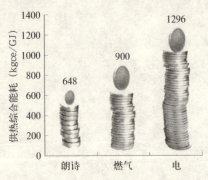

图6-17 朗诗国际社区供热系统节能效果对比

2. 混凝土顶棚辐射制冷制热系统——住宅像人体一样调节温度

常温水不断循环，冷却夏天闷热的混凝土楼板，加热冬季干冷的顶棚，通过辐射效应，调节室温。楼面没有难看的空调"补丁"，室内没有机械运转的噪声，更减少热胀冷缩对楼板的损伤，家人得以告别皮肤问题和空间温度不均衡的困扰，远离空调病。

图6-18 朗诗国际社区地源热泵施工现场

苏州朗诗国际社区低碳见证 第三节

链接

地源热泵技术特点

环保：使用电力，没有燃烧过程，对周围环境无污染排放；不需使用冷却塔，没有外挂机，不向周围环境排热，没有热岛效应，没有噪声；不抽取地下水，不破坏地下水资源。

一机三用：冬季供暖、夏季制冷以及全年提供生活热水。

使用寿命长：使用寿命20年以上，是分体式或窗式空调器的2~4倍。

全电脑控制，性能稳定，可以电话遥控，可以进行温湿度控制和新风配送。

在混凝土顶棚中敷设辐射盘管，通过盘管中的供回水温差，达到室内温度的调节和保持。它带来的舒适度远远高于传统空调系统，温度分布均匀，覆盖到每个房间、每个角落，无吹风感和噪声（图6-19和图6-20）。

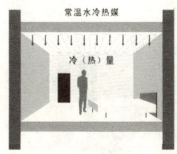
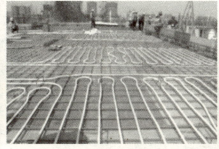

图6-19 混凝土顶棚辐射制冷制热系统　　图6-20 混凝土顶棚辐射制冷制热系统施工图

低碳地产先锋 | 217

3. 抗干扰隔声降噪系统

看似简单的隔声降噪问题，对普通住宅来说，也并非靠密封就能很容易地解决。例如：冬天寒冷，如果将窗户紧闭，虽然能在一定程度上隔声，但是会造成房间空气混浊，氧含量降低，二氧化碳升高，对身体不好；但是如果开窗睡觉，稍不小心又容易着凉。

朗诗国际社区，将噪声问题运用了科学的建筑技术完美解决，有效隔绝室外噪声的同时，全面保障室内通风，为这个两难的问题提供了一个绝妙的解决之道。

朗诗国际社区隔音降噪系统，运用了保温隔声外墙、同层排水、节能隔声隔热外窗三大技术。

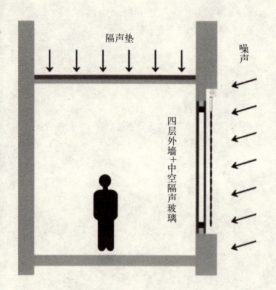

图6-21 朗诗国际社区外墙隔声原理示意

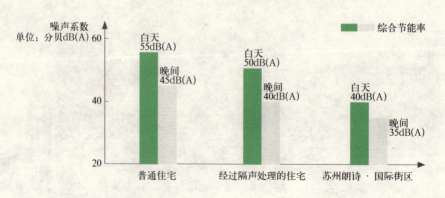

图6-22 朗诗国际社区隔声效果对比

4. 24小时热水供应系统

朗诗国际社区内，通过使用新能源技术，实现了24小时热水供应。

朗诗国际社区内能优先使用太阳能并充分利用太阳能，对系统实现全自动控制。根据热水使用要求，可转换热水供应方式，如定时或不定时供应热水，能确保全天候24小时供应热水。

5. 24小时置换式新风系统

置换式新风系统是一种有效的空气净化设备，能够使室内空气产生循环，一方面把室内污浊的空气排出室外，另一方面把室外新鲜的空气经过杀菌、消毒、过滤等措施后，再输入到室内，让房间里每时每刻都是新鲜干净的空气，新风机运用新风对流专利技术，通过自主送风和引风，使室内空气实现对流，从而最大限度化地进行室内空气置换，新风机内置多功能净化系统保证进入室内的空气洁净健康。置换式新风系统主要分为排风式新风机和送风式新风机两种类型，可以在绝大部分室内环境下安装，安装方便，使用舒适。置换式新风系统是家居生活的健康伴侣，值得信赖。

置换式新风系统具有使用方便灵活，效果显著的特性；满足个性化需求，可根据需要调节新风量，送风大小等指标；置换式新风系统，使用广泛，能够应用到家居，办公，室内等公共场所；置换式新风系统良好的性能，也得到了越来越多消费者的认可。

设置在卧室、客厅等地面上的新风口送入室外新鲜空气，再通过卫生、厨房等顶部的排风口排出。

下送上排。送风口风速很小，由地面缓缓送入室内，在室内蔓延形成"新风湖"，让人体始终吸入到新鲜空气。

第六章 朗诗地产低碳实战之路

图6-23 朗诗地产置换式新风系统中的通风器、新风口和排风口　　图6-24 朗诗地产置换式新风系统原理

6. "绝缘"外墙系统——建筑的保温衣

苏州朗诗国际社区的外墙在结构墙之外，设置了特别增厚的保温层，起到遮阳隔热的作用，像给房子打了一把伞。这一系列的技术整合，使街区住宅的制冷采暖能耗大大低于传统住宅。

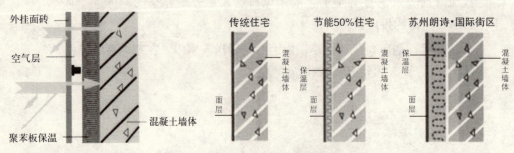

图6-25 朗诗国际社区绝缘外墙原理示意　　图6-26 朗诗国际社区外墙系统

7. 女儿墙、屋顶及地下保温系统——住在"生态控温舱"中

朗诗国际社区从楼基到楼顶，形成严密的隔热保温体系。保持智能居所的独立性，减少能量散失。

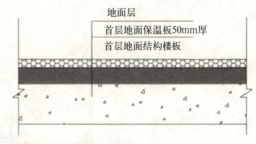

图6-27　朗诗国际社区地面保温系统

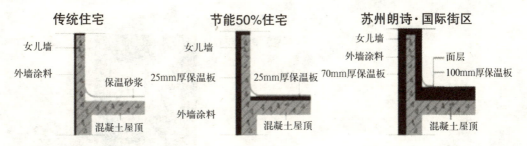

图6-28　朗诗国际社区屋面保温系统

8."严密"外窗系统——双向隔热，隔出新天地

朗诗国际社区外窗采用隔热窗，窗框和窗洞的结合空隙采用阻热设计，隔绝热传导。玻璃为5+15A+5(mm)双层中空玻璃，内侧镀有Low-E涂层，有效降低热能的阻耗。外窗外侧设置金属外遮阳卷帘，遮阳率高达80%，它拉起方便，可自由调控室内光线，有效阻挡太阳直辐射和漫辐射，还具备一定的防盗功能。

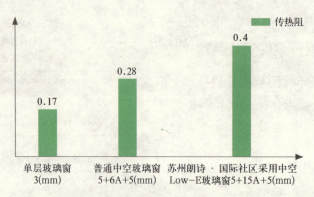

图6-29 朗诗国际社区窗户传热对比

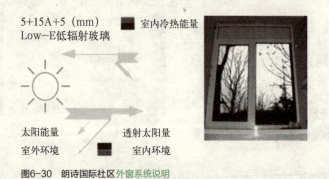

图6-30 朗诗国际社区外窗系统说明

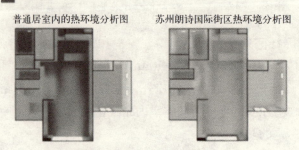

图6-31 朗诗国际社区室内热环境对比

9. 同层排水系统

苏州朗诗国际社区卫生间采用隐蔽式水箱和同层排水技术，排水横管在本层与立管连接，消除了卫生间排水对下层住户的噪声干扰和排水管穿越楼板的渗透隐患。

苏州朗诗国际社区建筑同层排水是卫生排水系统的一种新型技术，该排水系统卫生器具排水管不穿越楼板，排水横管在本层套内与排水总管连接，便于解决各排水本层的疏通检修问题以及给予卫生间布置格局于最大的自由度，即卫生器具的布置不再受限制：因为楼板上没有卫生器具的排水预留孔，用户可自由布置卫生器具的位置，满足卫生洁具个性化的要求。同层排水系统的使用已趋于广泛，中井企业推出的建筑同层排水系统所具备的高静音、密封性强、配置多样和使用寿命长等系列产品，将为各建筑同层卫生间项目打造更多绿色环境，以达到美观整洁效果及提高房屋品位。

图6-32 朗诗国际社区同层排水原理示意　　图6-33 朗诗国际社区同层排水卫生间

图6-34 朗诗国际社区同层排水管

10. 防辐射外遮阳系统

外遮阳卷帘窗是住宅建筑应用较多的外遮阳形式，卷帘窗是一种卷动式（手动或电动）闭合装置，通常它被作为一个窗洞口的附加启闭装置，安装于窗的外侧。卷帘窗主要由卷帘束（卷帘挡板），轴、导轨和驱动部分组成（图6-35）。

图6-35 朗诗国际社区外遮阳系统说明

朗诗国际社区大量运用了外遮阳卷帘窗，可以有效地控制光线的进入，形成独特的室内光线效果。如图6-36所示。

（a）遮阳卷帘全关闭时　　（b）遮阳卷帘较少开启时　　（c）遮阳卷帘较多开启时　　（d）遮阳卷帘拉起时

图6-36 室内光线控制效果

中鹰集团低碳地产探索

上海中鹰集团是一家集房地产开发与销售、建筑、装饰于一体的实力雄厚的房地产开发企业,除高起点设计、规模开发和引入现代科技新手段等常规方式外,在楼盘开发前,将国际新颖、先进理念带入未来建筑内。集团下辖多个房地产企业,从事专业的大型高档豪华社区建设、工业厂房等建筑项目开发,平均年开发量在30万m^2以上。

第一节 中鹰集团低碳地产开发要点

中鹰集团是上海比较典型的低碳地产开发商,其客户定位高端人士。开发低碳地产项目,注重科技的力量,整合移植了德国的多项环保节能技术,并且采用了多种德国的环保节能的建筑材料,如门窗系统。中鹰集团的低碳地产开发,走出了一条具有其自身特色的道路。

用环保节能理念指引地产项目开发

能源是有限的,一定要考虑节能。中鹰置业从2000年做第一个项目路易凯旋宫就考虑了节能。共做了三个项目,路易凯旋宫、凯旋华庭、中鹰黑森林,用了多个系统——中央空调系统、中央热水系统、中央净水系统、中央冰蓄冷系统、毛细管冷热传导系统、新风系统等,其中中央冰蓄冷系统上海就四个,全部都有卓越的节能功效,毛细管冷热传导系统可以说就此一家。

除了中央能源系统、门窗系统、外墙系统、保温系统、环保系统、节能系统外,在远程控制系统方面,中鹰黑森林也走在了楼市的前沿,跟世界同步。在中鹰黑森林里,通过手机、因特网就可控制家里的东西,如卷帘、空调开关、地暖等。如果有人进了你的家门,马上就会有信息发到你的短信上通知你,安全性特别好。

一次到位:量化标准,少喊口号,多做事

中鹰置业的项目已有很多业主已经入住了,而且已经享受到低碳生活。这个方向中鹰置业是走对了。中鹰置业对低碳建筑有一个耗能指标,是按照欧洲一个3L房的建筑标志,什么是3L房?欧洲评判一个建筑耗能指标是以每平方米每年耗能多少汽油,欧洲标准是不能超过3L,中鹰置业已经做到了这个标准。

按照中国的标准来说,3L的房标准大概在节能80%以上,这个标准相当高,中鹰置业一直认为建筑标准应该一次到位,一个建筑造好了起码40年,或者50年,现在的标准其实把50年的标准都确定了,所以,如果这个标定得太低,因为房子也不容易改了,就要走欧洲的老路,欧洲的老建筑以前也没有节能指标,又花了五六十年重新改造,所以中鹰置业的项目致力于一次到位,一次把目标做到位,做得很量化。

中鹰置业在未来的开发当中,希望在每一个城市都做高标准的项目,把这个标杆

图7-1 中鹰黑森林绿化屋顶

做到全国,希望政府、全国的开发商,应该真正把低碳建筑做到实处,把量化做到一个标准,少喊口号,多做事。

中鹰所开发的地产项目介绍

中鹰集团项目均位于上海,主要包括路易·凯旋宫、凯旋华庭、中鹰黑森林。

1. 路易·凯旋宫:健康是一大主题

路易·凯旋宫坐落于长宁中山公园板块,北有中山公园,西望天山公园,南邻长宁凯旋路中心绿地,西向毗邻地铁、轻轨和内环高架,交通极为便利。健康是路易·凯旋宫强调的一大主题,小区选用近50种绿化品,绿化率达40%左右,小区内还拥有社区中央空调、五星级豪华大堂、高级会所、先进净水系统和新风系统等高配置设施。路易·凯旋宫的社区景观也配合健康的主题,欧洲原味的雕塑、自然随性的景观小品,映衬出社区的心态健康主题,也是欧洲园林艺术的极限展示。

2. 凯旋华庭:以生活实用性与艺术鉴赏性为标准

凯旋华庭位于万里城核心区位,总建筑面积约5.9万m^2,由四栋住宅、二层商业裙房及地下车库组成。凯旋华庭以"生活实用性"与"艺术鉴赏性"为规划设计标准,采用社区中央空调系统、每户独立全热新风交换系统、24小时中央热水系统等现代化的科技产品装备社区。

3. 中鹰黑森林：低碳地产集大成之作

中鹰黑森林是中鹰集团绿色科技住宅集大成之作。项目位于市政府规划四大副中心之一，是第一个上海人居示范区——万里板块。万里板块南起上海新村路，西侧紧邻12万m^2中央森林带；紧临内环、中环、到达虹桥机场十分便捷。北部和东部分别被横港河和龙珍港包围，形成天然的半岛状，两条天然河流和中央森林带成就了上海最适宜居住的地段之一。中鹰黑森林整个社区由5栋叠加别墅、11栋16～30层小高层以及高层组成，建筑设计由德国STI&KIT建筑规划设计联合担纲。全部精装修成品交房，总建筑面积达27万m^2，建筑品质参照的是超五星级标准。一经问世即确立了其顶级豪宅的市场地位，第一期在短短数月便销售一空，迅速树立起"中鹰黑森林"的国际一流品牌形象。项目自2005年10月开盘以来，价格一路上涨，由最初的12000元/m^2攀升至2009年12月近30000元/m^2（图7-2）。

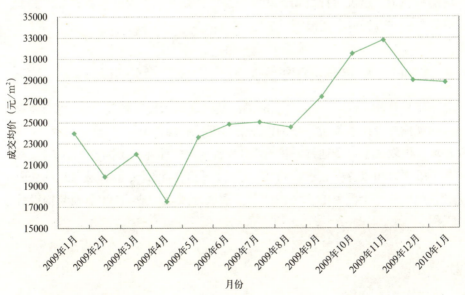

图7-2　中鹰黑森林成交均价变化图

04

中鹰合作开发低碳地产项目的团队

中鹰集团与多家国外知名设计师合作,使中鹰的绿色科技住宅不仅具有高水平的环保科技含量,在外观设计上也极具美学享受。目前,中鹰主要与世界六大知名设计团队建立了战略合作关系。

1. 澳大利亚柏涛(墨尔本)建筑设计公司

1890年成立的柏涛建筑设计公司,是世界十大建筑设计公司之一,设计的代表建筑包括悉尼奥林匹克2000、马来西亚运动中心、澳大利亚国家网球中心、澳大利亚墨尔本奥林匹克公园等。作为唯一涉足中国住宅市场的世界十大建筑设计公司,柏涛曾经设计众多国内大型楼盘,如"蔚蓝海岸"、"万科城市花园"等。

2. 美国H.B.A 赫斯贝德纳酒店联合设计有限公司

美国H.B.A是世界最著名的酒店装饰及艺术设计顾问公司,拥有8家国际规模的设计事务所,分别设在洛杉矶、亚特兰大、旧金山、香港、新加坡、伦敦、米兰和迪拜,拥有200多名专业设计师。美国H.B.A专业从事顶级酒店和旅游度假建筑的装饰设计,是酒店设计专业领域公认的先驱者,已经为50个国家的一流酒店及度假胜地成功完成了600余项装饰设计工程。

"低碳排放"的概念正受到环保行业、学术研究机构的普遍重视，而建筑与房地产业亦是支撑实现这一目标的重要载体。

3. 香港贝尔高林

贝尔高林景观设计公司是国际最具盛名的专业景观设计公司，在四十余年的发展历程中留下许多里程碑式的作品，曾经为世界最著名的超五星级酒店、旅游度假胜地、豪宅别墅庄园的景观进行规划设计。贝尔高林在国内的设计作品主要包括深圳"蔚蓝海岸"、广州"星河湾"等。

4. 香港G.I.L艺术及室内设计顾问有限公司

香港室内设计及艺术顾问公司，专门从事国际五星级酒店设计及高级公寓会所室内设计。香港G.I.L参与过世界很多知名酒店及办公楼室内设计，国内作品主要包括北京国际俱乐部酒店、北京燕莎凯宾斯基酒店、上海浦东京银大厦等。

5. 美国B.P.I

从1966年创始至今，美国B.P.I在世界各地已完成了超过3000个照明设计工程，是一家享誉世界的照明设计公司，其主要设计作品包括吉隆坡双子楼、纽约中央公园等。

6. 法国夏邦杰建筑设计与城市规划设计事务所

法国夏邦杰是法国最大的设计事务所之一，其作品遍及欧洲，在中国的代表项目有上海大剧院、南京路步行街城市景观设计等。

第二节 典型项目分析：中鹰黑森林

作为中国健康住宅的倡导者，中鹰黑森林不仅达到了国际标准，更超越了标准，成为领袖级健康住宅的营造商，让上海有了真正的"健康住宅"。中鹰黑森林所达到的健康住宅标准远远超过了世界卫生组织对健康住宅的15项标准定义。

中鹰黑森林环保节能概要

以"森林生态、科技健康"特色闻名，倡导纯德式生活的中鹰黑森林高科技环保生态住宅，是上海楼市中的一道亮丽风景线，如图7-3和表7-1所示。中鹰黑森林楼盘是国内重要的"纯德国血统"的高科技环保生态住宅。中鹰集团引进了一支德国建筑监理队伍、19项德国建筑技术、21位德国建筑设计师、56家德国建筑产品制造商和102种德国建筑材料，设计开发了中鹰黑森林科技环保德式生态住宅。

图7-3 中鹰黑森林规划

第二节　典型项目分析：中鹰黑森林

黑森林基本数据　　　　　　　　　表7-1

项目名称	项目数据
容积率	2.25
绿化率	50%
占地面积	120000m^2
总建筑面积	270000m^2
规划户数	1100户
物业管理	中鹰黑森林物业有限公司
会所个数	1个
会所面积	5000m^2
会所规划	室内泳池；网球场；健身房；室外泳池
车位配比	1:1
社区规模（住宅、酒店式公寓）	大型(12万~29万人)
建筑设计单位	德国ＳＴＩ＆ＫＴＰ建筑规划设计集团
建筑施工单位	江苏省建设工程总公司（沪）
景观设计	香港贝尔高林景观设计公司
全装修设计	STI思图 意象（德国）建筑与城市设计事务所
投资商	中环集团 上海美鹰房地产开发有限公司
装修价格	2500~5000元/m^2
四周道路	东：真华路；南：新村路；西：真金路；北：富水路
物业管理费	高层：2.95；小高层：2.95；低层：2.95［元/（m^2·月）］
车位总数	1000个
车位数	地下1000个
车位费	地下200000元/个

第七章 中鹰集团低碳地产探索

图7-4 中鹰黑森林景观

作为中国健康住宅的倡导者，中鹰黑森林不仅达到了国际标准，更超越了标准，成为领袖级健康住宅的营造商，让上海有了真正的"健康住宅"。中鹰黑森林所达到的健康住宅标准远远超过了世界卫生组织对健康住宅的15项标准定义，如表7-2所示。

中鹰黑森林健康住宅标准　　　　　　　　　　表7-2

项目	指标
室内温度	20~26℃
室内相对湿度	40%~60%
噪声控制	夜间休息时低于35dB，白天活动时低于45dB
室内空气环境	8%的氮气、21%的氧气、1%的其他气体
光照	户外卷帘系统安全控制光线
建筑节能	80%~85%
中央新风系统	新风量300m^3/小时、24小时不断
高森林覆盖率	12m^2森林环抱社区
物业服务	360度"零压力"物业服务，信息化管理业主需求
绿色施工	绿色环保材料、国际环境管理体系ISO 14000标准

第二节 典型项目分析：中鹰黑森林

六大核心科技系统是中鹰黑森林打造绿色健康住宅的秘密武器，见图7-5。

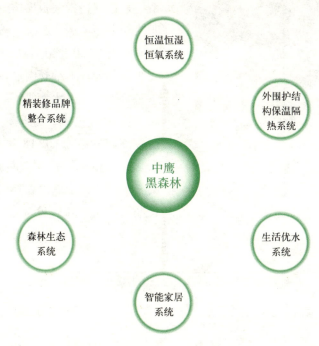

图7-5 中鹰黑森林六大核心科技系统

（1）恒温恒湿恒氧系统

恒温恒湿恒氧系统主要由四个子系统构成：

	恒温恒湿恒氧子系统	表7-3
舒适功能	科技系统	指标
恒温	冰蓄冷集中供能子系统，毛细管辐射冷暖子系统	温度介于20~26℃
恒湿	空气调湿子系统	温度介于30%~70%
恒氧	置换式中央新风子系统	新风量80~100 m³/时·人

低碳地产先锋 | 235

第七章 中鹰集团低碳地产探索

图7-6 黑森林外遮阳系统

中鹰黑森林采用了毛细管辐射供暖制冷系统来达到恒温的效果。该系统是德国科学家根据仿生学原理发明的新型环境调节系统，被列入改变人类历史的20世纪后期的重大科技发明。冬天，毛细管内通较低温的热水32/28℃（供水/回水），柔和地向室内辐射热量。夏季，毛细管内通较高温的冷水16/18℃（供水/回水），柔和地向室内提供冷源。空气调湿子系统使中鹰黑森林住宅类湿度长期保持在30%～70%。

毛细管辐射供暖制冷系统与空气调湿子系统特点   表7-4

毛细管辐射供暖制冷系统	空气调湿子系统
无声，最安静的空调系统；	
无风感，高舒适度；	
没有冷凝水，不存在细菌滋生源；	提供100%健康、洁净的新风；
较强的蓄冷蓄热能力；	精确控制送风温度、湿度；
节能效果显著；	提高人体舒适性；
占用面积小，节省建筑空间；	先进的湿度处理；
布置灵活安装方便；	无霉菌滋生条件；
安装完成几乎不用装修；	与毛细管系统配合；
毛细管席面积大；	实现温湿度独立调节
换热速度快，传热效率高	

第二节 典型项目分析：中鹰黑森林

（2）外围护结构保温隔热系统

表7-5 外围护结构保温隔热系统体系

节能体系	科技设备	传热系数K[W/(m²·k)]
墙体保温子系统	外墙岩棉保温 石膏板内隔墙保温	外墙：0.36 内隔墙：≤1.5
玻璃门窗子系统	断桥铝合金 Low-E玻璃	门：≤1.5 窗：2.0
电动外遮阳卷帘子系统	电动外遮阳卷帘	传热系数：1.7

中鹰黑森林节能效果明显，节能率达80%~85%。我国现有建筑基本属于20L能量房，现有节能标准住宅可达到7L能量房，中鹰黑森林为3L能量房，与欧洲发达国家相当，处于世界领先水平（图7-7，图7-8）。

图7-7 黑森林的节能门窗

（3）生活优水系统

中鹰黑森林的生活优水系统由中央净水子系统、中央热水子系统、同层排水子系统构成（表7-6）。

图7-8 黑森林的屋顶绿化

生活优水系统体系　　　　　　　　　表7-6

中央热水子系统	中央净水子系统	同层排水子系统
生活热水集中供应系统； 24小时供应； 保证每人100L/日 60度热水； 利用峰谷电节能； 生活方便，费用相当	净水入户； 先进净化工艺，软化饮用水，除去水中的钙镁离子； 24小时优质直饮水供应	与建筑物同寿命，免维护； 高效节水技术，节约水资源：内壁光滑的HDPE管材、双冲面板、冲水即停； 无水管噪声； 无卫生死角； 双冲面板节水； 用水设备灵活、凸显卫浴空间； 强支撑力支架、免维护隐蔽水箱； 真正的产权独立

（4）智能家居系统

智能家居系统由EIB欧洲总线子系统、智能安防子系统两个子系统构成。EIB欧洲总线子系统由智能灯光控制、电动窗帘控制、地加热采暖控制、电话网络远程控制、遥控控制、场景控制、空调通风控制、大堂灯光控制八个子系统构成。

图7-9　中鹰黑森林样板房

第二节 典型项目分析：中鹰黑森林

图7-10　中鹰黑森林样板房

图7-11　中鹰黑森林外立面

（5）精装修品牌整合系统

中鹰黑森林内部精装修各个环节都与国际顶尖供应商合作，设计师的巧妙构思将不同品牌的部件巧妙地融合在一起，形成了独具特色的装修风格，成为中鹰黑森林绿色健康住宅不可或缺的一部分，如图7-9～图7-11所示。

（6）森林生态系统

中鹰黑森林将用一万多棵成年名贵树种打造的森林生态系统以及屋顶花园系统让业主呼吸到最自然纯净的氧气，同时应用置换式新风系统，不开窗也能呼吸到最舒适的空气。

产品两大突出特色

中鹰黑森林项目除了上述的采用了六大科技系统外，还有两点表现得非常突出，一方面是项目特别注重细节表现，另一方面是"让住宅学会伺候主人"的理想目标。

第七章 中鹰集团低碳地产探索

特色1：每一枚螺钉都是德国制造

中鹰联合德国56家品牌团队、102项世界先进节能建材、16项德国建筑科技系统，打造"中国科技节能生态第一楼"。全线德国设计、制造，以高端品牌标准来打造。中鹰集团董事长芮永祥说：中鹰每一个零件都是LV等级，每一枚螺丝都是德国制造的。

中鹰黑森林的生态绿色，是立体的、系统的：湿地、河流、绿地，除此之外，屋顶和楼底也是花草和鸟类良好的栖息地。世界先进的屋顶花园系统，采用多达11层的屋顶生态科技，种植花草，形成屋顶生态，实现免维护。同时，楼底挑高6～9m，种植绿化，让楼底和屋顶都绿色盎然，真正做到了内外环境兼顾（图7-12）。中鹰集团董事长芮永祥说："中鹰意在打造理想式的奢华生态概念，长寿命、免维护的绿化标准，就是让生态为人服务，人与生态相得益彰，和谐共处。"

特别值得一提的是，中鹰黑森林的智能建筑概念，在业内可以说独树一帜。将原先应用于欧洲工业技术的EIB系统，纳入民用，好比将传统手动居家模式改为电动，"模块嫁接式"操作，简便易行，甚至可以在任何地方用手机控制家中设备、电器，实现远程遥控。如此人性化设计，不仅更加安全，提高了生活品质，更重要的是，这一以弱电控制强电的运行方式，也大大节约了能源。

图7-12 中鹰黑森林局部实景

特色2：让住宅学会伺候主人

中鹰黑森林对人体舒适健康度的追求甚至让人感到不可思议。在中鹰黑森林，不用开窗户一样可以保持空气纯净、湿度宜人。首先整个社区的空气已经被森林过滤净化了一遍；另外，每家每户均设立一个完全独立的新风交换系统，人均100～250m³/小时的新风换气

低碳微博 低碳地产从上游来讲,是生产企业重视建筑材料的生产和运输过程;而从下游来讲,则是生活方式的根本变革。

量,让室外空气得以自然、纯净的流入室内,有效控制空气质量,解决了传统中央空调的空气循环污染问题,让病毒不会通过管道传播,让四季不开窗空气依然纯净成为可能。

同时,采用冰蓄冷中央调节和电蓄热集中供能系统,与传统的空调及热水器供热水相比,温度更加恒定、节能更加突出。高气密性门窗可以保证屋内空置一年仍一尘不染、宛如新居。此外,外墙外保温系统、屋面雨水虹吸排放系统、地面辐射采暖系统、同层排水系统、生活垃圾处理系统等一系列节能环保技术,都严格按照德国标准,远远高于国内各项建筑指标,一举解决了国内建筑中常见的墙面微裂、渗水和室外机破坏建筑视觉效果等传统问题。提供建筑材料的德国团队,是长年与奔驰、欧宝等德国一线汽车品牌合作的国际公司,对隐性工程相当讲究,确保杜绝任何安全隐患。在一次德国生态住宅推介会上,有专家表示中鹰黑森林让"住宅学会伺候人"成为新的时尚。

产品在环保节能材料使用方面联手世界顶尖供应商

中鹰黑森林项目秉承德国品质、科技环保以及最高居住舒适度名扬上海,该项目及时关注国际最尖端的建筑科技和建材领域,使中鹰黑森林这个项目始终在科技环保类住宅里处于引领地位。

第七章 中鹰集团低碳地产探索

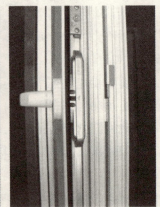

图7-13　德国Wicona玻璃幕墙

中鹰置业芮永祥董事长长年频繁造访德国与欧洲其他城市，始终保持中鹰黑森林项目所使用的科技和建材与国际同步。2009年7月，芮永祥董再次造访德国，拜访几十家建筑装潢材料供应商，除了与已经进行合作的供应商交流产品方面的相关意见外，还拜访了属于世界领先地位的材料供应商及建筑设计公司。芮永祥董事长表示，中鹰置业对于环保健康住宅的理念不能停留在"说"上，应该时刻落实到项目中去，要保持选材与用料、技术与设计更健康、更环保、更舒适，就要一直与世界领先的商家合作，强强联手。

除了为中鹰黑森林三期的规划选择更合适的建筑设计公司外，芮永祥还为项目引进了目前处于世界领先地位的制窗品牌——Wicona。该品牌的窗，无论从隔音程度、窗的厚度、防湿防火防盗防紫外线等方面，皆处于该领域的前茅。芮永祥将该品牌旗下最好的窗（厚度约达125mm）引入了黑森林项目中。